LES FRANÇAIS AU DELÀ DES MERS.

LES

DÉCOUVREURS FRANÇAIS

DU XIVe AU XVIe SIÈCLE.

CÔTES DE GUINÉE,
DU BRÉSIL,
ET DE L'AMÉRIQUE DU NORD,

PAR

PAUL GAFFAREL.

OUVRAGE ORNÉ DE 3 CARTES ANCIENNES ET DE 2 PORTRAITS.

PARIS,
CHALLAMEL ET CIE, ÉDITEURS,
LIBRAIRIE COLONIALE,
5, RUE JACOB, ET RUE DE FURSTENBERG, 2
1888.

GIOVANNI DI PIER ANDREA DI BERNARDO DA VERRAZZANO
PATRIZIO FIOR.NO GRAN CAPIT.NO COMANDANTE IN MARE PER
IL RÈ CRISTIANISSIMO FRANCESCO PRIMO,
E DISCOPRITORE DELLA NUOVA FRANCIA.
nato circa il MCDLXXXV. morto nel MDXXV

Dedicato al merito sing.re dell' Ill.mo e Rev.mo Sig.re Lodovico da Verrazzano
Patrizio, e Canonico Fiorentino Agnato del Med.o
Preso dal Quadro Originale in Tela esistente presso la sud.a Nobil Famiglia

G. Zocchi del. F. Allegrini inc. 1767

LES FRANÇAIS AU DELÀ DES MERS.

LES

DÉCOUVREURS FRANÇAIS

DU XIVE AU XVIE SIÈCLE.

CÔTES DE GUINÉE,
DU BRÉSIL,
ET DE L'AMÉRIQUE DU NORD,

PAR

Paul GAFFAREL.

OUVRAGE ORNÉ DE 3 CARTES ANCIENNES ET DE 2 PORTRAITS.

PARIS,
CHALLAMEL ET CIE, ÉDITEURS,
LIBRAIRIE ALGÉRIENNE ET COLONIALE,
5, RUE JACOB, ET RUE DE FURSTENBERG, 2
1888.

I.

LES DÉCOUVREURS FRANÇAIS

DE LA CÔTE DE GUINÉE.

LES

DÉCOUVREURS FRANÇAIS

DU XIVe AU XVIe SIÈCLE.

TYPOGRAPHIE FIRMIN-DIDOT. — MESNIL (EURE).

LES

DÉCOUVREURS FRANÇAIS

DU XIVe SIÈCLE AU XVIe SIÈCLE.

PRÉFACE.

Le mot *découvreur* ne figure pas encore dans le dictionnaire de l'Académie française. Littré ne le cite que par scrupule d'exactitude, et encore en le couvrant de l'autorité d'un exemple de Voltaire. Pourtant nous n'hésitons pas à demander droit de cité pour ce mot si bien fait, si clair, et qui répond à une idée si précise. Bien que les découvreurs en France, surtout les découvreurs maritimes, s'appellent légion, combien d'entre eux sont-ils restés inconnus. Il n'est que temps de leur rendre justice, surtout à ceux qui, obscurément mais non sans mérite, ont fondé la grandeur maritime de notre pays. Il est vrai que leurs exploits ne sont pas restés dans les mémoires, comme ceux de leurs rivaux de gloire, les Descubridores espagnols ou portugais. A peine si leur nom a été sauvé de l'oubli, et encore à beaucoup d'entre eux cette suprême satisfaction a-t-elle été refusée. Aussi était-ce pour nous un devoir et ce fut souvent une joie patriotique que de rechercher les traces de ces vaillants à travers les documents de l'époque, de reconstituer leur biographie à l'aide de renseignements puisés, trop souvent, hélas! aux sources étrangères, de montrer qu'ils ont bien mérité de leur pays, et que la postérité devrait, enfin, les apprécier à leur valeur.

De cette histoire des *découvreurs* français nous ne détacherons pour le moment que trois épisodes : le premier relatif aux explorations françaises sur la côte de Guinée dès le quatorzième siècle; le second aux voyages, dans la direction du Brésil dès la fin du quinzième siècle; le troisième à la découverte des côtes de l'Amérique du Nord au seizième siècle. Trop heureux nous estimerions-nous si, dans ce champ à peine exploré, d'autres travailleurs après nous, voulaient bien essayer non pas de glaner, mais de moissonner.

PAUL GAFFAREL.

P. Gaffarel. — Les Découvreurs Français du XVIe siècle. — Pl. I.

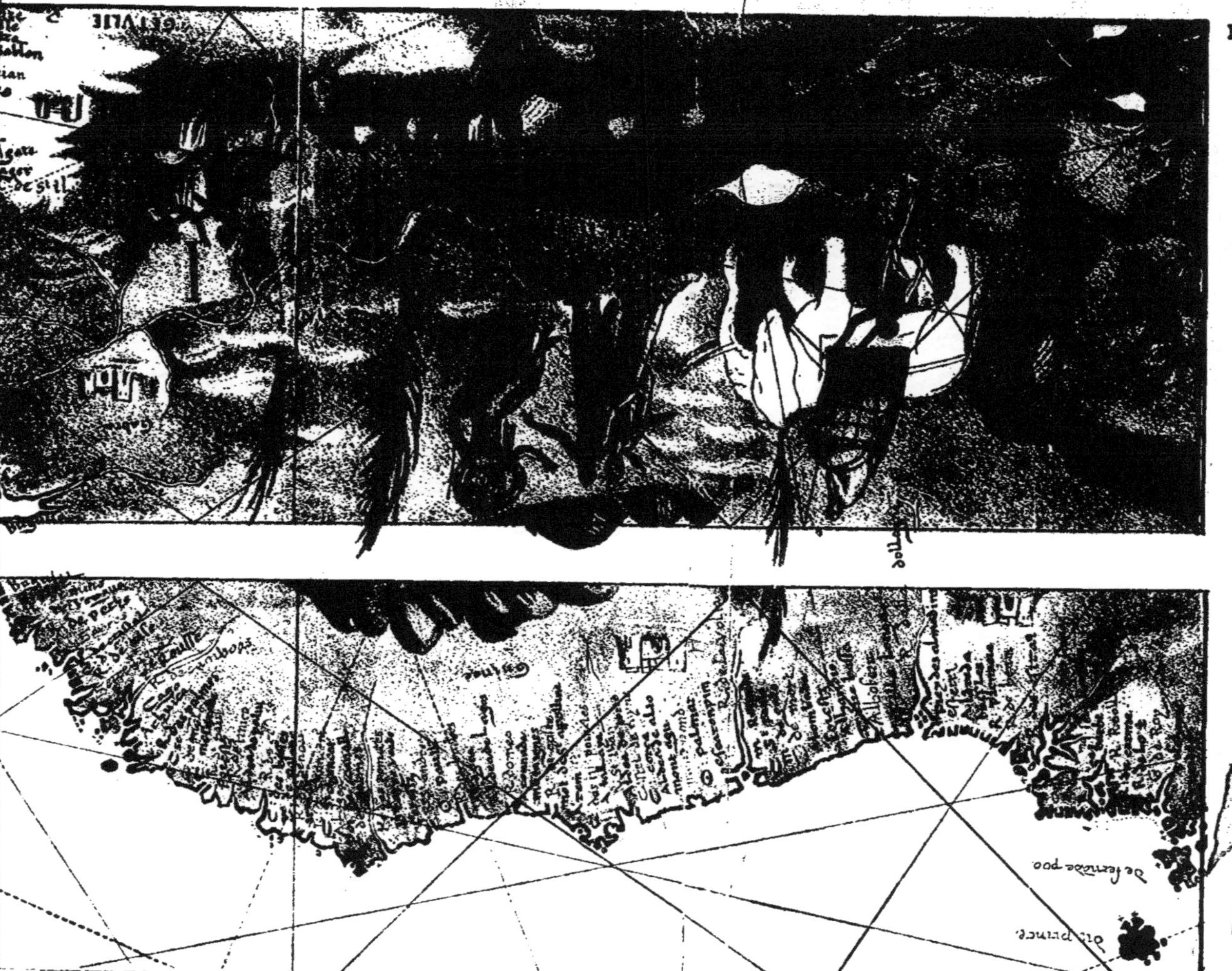

époque commencèrent ces lointaines expéditions. Il paraîtrait qu'au neuvième et au dixième siècle les Northmans, qui venaient d'être établis à poste fixe en Neustrie, auraient continué leurs courses vagabondes et leurs ravages le long des rivages portugais et espagnols, et se seraient également avancés sur le littoral de l'ancienne Mauritanie. Mais à quelle époque eurent lieu ces voyages et jusqu'à quel point de la côte africaine nos nouveaux compatriotes se sont-ils aventurés, c'est ce qu'il est impossible de déterminer. Aussi bien les apparitions des Northmans dans ces voyages ne furent jamais que rares et passagères. On ne peut donc les mentionner qu'à titre de curiosité géographique (1).

Au quatorzième siècle commencent les voyages véritables et à la période des courses armées succède celle des découvertes commerciales.

On a conservé la date exacte de ces explorations. Villaut de Bellefonds, agent de Colbert pour le rétablissement du commerce en France, explora en 1666 et 1667, par ordre de ce ministre, les côtes de

aux côtes occidentales d'Afrique en dehors des navigations portugaises du quinzième siècle (Congrès géographique de Paris), 1878.

(1) On peut consulter à ce propos : DAVID ASSELINE, *les Antiquitez et chroniques de la ville de Dieppe* (édition Hardy, Guérillon et Sauvage, 1874). — CROISÉ, *Histoire abrégée et chronologique de la ville, château et citadelle de Dieppe.* — GUIBERT, *Mémoires pour servir à l'histoire de la ville de Dieppe*, 1764 ; nouvelle édition par Michel Hardy, en 1878.

Guinée. Il étudia avec le plus grand soin non seulement les archives des villes normandes, riches alors de précieux renseignements, mais encore vérifia sur place les traditions qu'il avait recueillies, et, en 1669, adressa à Colbert son rapport : « *Remarques sur les costes d'Afrique, appelées Guinée... pour justifier que les Français y ont esté longtemps auparavant les autres nations.* »

Voici comment il s'exprimait dans ce document officiel, destiné à une grande publicité :

« Comme la France commençait à respirer, sous Charles V, des guerres et malheurs qu'elle avoit soufferts sous le roi Jean, son père, les Dieppois, de tout temps, adonnés au commerce, attirés par le profit qu'ils y trouvaient et la commodité de leur havre, se résolurent aux voyages de long cours, de passer les Canaries et de costoyer l'Afrique. Pour cet effet ils équipèrent, au mois de novembre de l'année 1364, deux vaisseaux du port d'environ cent tonneaux chacun, qui firent voile vers les Canaries, et arrivèrent vers Noël au cap Vert, et mouillèrent devant Rio Fresco, dans la baie qui conserve encore le nom de baie de France.

« Les noirs de ces costes, auxquels jusque-là les blancs avaient été inconnus, accouraient de tous les côtés pour les voir, mais ne voulaient point entrer dans les vaisseaux jusqu'à ce qu'ils eussent remarqué que ces gens, bien éloignés de leur faire du mal, les caressaient et leur avaient apporté quantité de bagatelles dont la vue les surprit. Pour lors, commençant à s'apprivoiser, ils apportèrent du morphi ou de l'ivoire, des cuirs et de l'ambre gris qu'ils échangèrent pour ces bagatelles. Les Dieppois, voulant pousser plus avant en faisant voile, firent comprendre à ces noirs que les années suivantes ils retourneroient, et qu'ils fissent provision de ces marchandises : ce que les autres leur promirent.

« Au sortir du cap Vert... ils coururent le sud-est et arrivèrent à Bou-Lombel ou Sierra Leone, ainsi que depuis l'ont nommé les Portugais. De là ils passèrent devant le cap de Moulé, d'où les habitants de ces deux places et de toutes les costes furent étonnés, croyant que tous les hommes estoient noirs; et enfin ils s'arrêtèrent à l'embouchure d'une petite rivière près de Rio Sestos, où est un village qu'ils nommèrent le petit Dieppe à cause de la ressemblance du hâvre et du village, situés entre deux costeaux. Là ils achevèrent de prendre leurs charges de morphi et de ce poivre appelé malaguette. Et l'année suivante, 1365, à la fin de mai, furent de retour à Dieppe, ayant fait des profits qui ne se peuvent exprimer, n'ayant demeuré que six mois dans leur voyage. »

Les profits du voyage et l'espoir de les augmenter encore excitèrent l'émulation des Normands. En septembre 1365, quelques marchands de Rouen s'associèrent avec ceux de Dieppe, et, au lieu de deux vaisseaux, en firent partir quatre.

Les deux premiers avaient pour mission d'explorer les côtes depuis le cap Vert jusqu'au petit Dieppe et d'y charger des marchandises. Les deux autres devaient pousser plus avant, et découvrir de nouveaux pays à explorer. Ils assuraient de la sorte le présent et ménageaient l'avenir. Ce second voyage fut également heureux. Au bout de sept mois les deux premiers navires étaient de retour à Dieppe avec beaucoup de cuirs, de poivre et d'ivoire.

Des deux autres navires chargés d'explorer de nouveaux pays, le premier s'arrêta sur la côte qu'on nomme aujourd'hui côte du Poivre, et dans un village appelé Grand Sestre auquel les matelots donnèrent le nom de Pàris. Ce navire ramassa si promptement une telle quantité de poivre qu'il ne voulut pas s'exposer à compromettre une aussi riche cargaison en poursuivant son voyage, et revint à Dieppe.

Le quatrième navire longea la côte des Dents et arriva à celle de l'Or. L'or était en poudre. Les indigènes en ramassent encore de nos jours dans les cours d'eau qui descendent des monts Khong, et dans tout le Fouta-Djalon (1).

(1) ANTICHAN, *Le Jardin des Hespérides* (Revue de géographie), 1885.

La nouvelle de ces découvertes, la facilité des échanges et la certitude de s'enrichir à peu de frais excitèrent les Dieppois. En peu de temps de véritables comptoirs, des loges comme nous dirions aujourd'hui, s'élevèrent sur toute la côte de Guinée. Attirés vers nos compatriotes par la facilité de leurs mœurs, par leur entrain sympathique et par leur absence de morgue, les indigènes apportaient en abondance à ces loges l'ivoire, la poudre d'or, le poivre, les plumes d'autruche, les peaux de bêtes féroces, que les Normands vendaient en France à des prix exorbitants. Peu à peu des relations régulières s'établissaient. Les Africains apprenaient même notre langue et accueillaient avec empressement tous ceux de nos compatriotes qui n'hésitaient pas à s'enfoncer dans l'intérieur du pays.

En 1380 quelques armateurs de Dieppe et de Rouen résolurent de s'associer pour tenter un nouveau voyage d'exploration aux côtes occidentales d'Afrique. Ils voulaient s'avancer au sud de la côte d'Or et entrer en relations avec des indigènes qu'on leur avait représentés comme moins traitables que les précédents.

Comme ils avaient déjà pour eux l'expérience des voyages antérieurs, et qu'ils avaient remarqué que les pluies, qui tombaient en Afrique du mois de juin au mois d'août, rendaient le séjour de la côte dangereux à cette époque, ils ne firent partir qu'en novembre leur navire. En décembre ce navire, qui portait le beau nom de *Notre-Dame-du-Bon-Voyage* était déjà sur la côte d'Or. Neuf mois plus tard il retournait à Dieppe, chargé de poudre d'or. La voie était ouverte : il ne restait plus qu'à s'y engager résolument.

Le 28 septembre 1381 trois navires partaient de Dieppe pour le nouveau comptoir de la Mine ou Elmina. On a conservé leurs noms : *la Vierge, le Saint-Nicolas, l'Espérance. La Vierge* s'arrêta à la Mine; *le Saint-Nicolas* s'avança plus au sud jusqu'au cap Corse et *l'Espérance* fonda des comptoirs à Fantin, Akara, Sabon et Cormentin. En juillet 1382 les trois navires étaient de retour en France et leurs capitaines vantèrent si bien à leurs armateurs les richesses de la contrée et la douceur des habitants que ceux-ci résolurent d'y fonder une véritable colonie, et d'en faire comme le centre de leurs opérations commerciales.

En 1383, les trois vaisseaux repartaient en effet pour la Mine. Ils portaient des matériaux de construction, des instruments de travail et des semences. Les capitaines s'acquittèrent heureusement de leur mission, et, quand ils revinrent en France, dix mois après, plus richement chargés qu'ils ne l'avaient encore été, ils laissaient derrière eux une partie de leurs équipages. Ce fut le premier établissement de nos compatriotes sur ce continent, où depuis n'a cessé et ne cessera pas, espérons-le, de grandir l'influence française. La colonie de la Mine prit rapidement de grandes proportions. De nombreux vaisseaux s'y rendirent et il fallut bâtir pour les nouveaux arrivants une église et un fort.

Cette prospérité ne fut pas de longue durée. Les terribles guerres des Armagnacs et des Bourguignons désolèrent notre pays et les Anglais profitèrent de nos discordes pour envahir nos provinces. Bientôt la France n'eut pas assez de ses propres ressources pour repousser l'envahisseur. Elle dut subir pendant plusieurs années la honte de l'occupation étrangère; aussi toutes les entreprises extérieures furent-elles abandonnées. L'heure était mal choisie pour fonder une France africaine, alors que notre patrie était foulée par l'étranger, que la Normandie devenait un des principaux théâtres de la guerre et que les Anglais, maîtres de Rouen, de Dieppe, de Honfleur et des autres ports, arrêtaient tout commerce. Dès 1413 la Mine était abandonnée; nos autres comptoirs l'étaient déjà depuis plusieurs années. Peu à peu on renonça aux voyages aux côtes de Guinée. Le souvenir même de ces aventureuses expéditions se perdit, surtout lorsqu'une autre nation, le Portugal, substitua son influence à la nôtre sur les tribus indigènes, et, plus jaloux de ses droits que nous ne l'avons jamais été des nôtres, non seulement chassa nos négociants des marchés dont ils avaient longtemps été les seuls maîtres, mais encore nous enleva, par devant l'histoire et la postérité, la gloire légitime de l'avoir précédée dans ces régions.

Ce n'est pas en effet un des côtés les moins singuliers de notre caractère national que cette indifférence incroyable pour l'histoire de nos établissements d'outre-mer. Que, pour une raison ou pour une autre, nous renoncions à telle ou telle colonie, on le comprendrait à la rigueur, mais que le souvenir de cette colonie disparaisse entièrement, que le nom même des premiers explorateurs soit tout à fait inconnu, voilà ce qui devient inexplicable. Tel fut pourtant le sort de nos premiers établissements de Guinée. Lorsque, dans ces dernières années, quelques Français bien inspirés, Estancelin, Vitet, d'Avezac, Margry, Gabriel Gravier, revendiquèrent pour les navigateurs normands l'honneur de ces voyages, on resta presque indifférent en France à leur généreuse tentative, qui, au contraire, provoqua à l'étranger, surtout en Portugal, comme une explosion de haine. Un savant portugais, Santarem, composa même à ce sujet un gros volume intitulé : *Recherches sur la priorité de la découverte des pays situés sur la côte occidentale d'Afrique, au delà du cap Bojador, et sur les progrès de la science géographique après les navigations des Portugais au quinzième siècle.* Comme cet ouvrage eut un certain retentissement, il nous faut examiner ici les principales objections qu'il soulève.

Remarquons tout d'abord que le titre est mal choisi. Les défenseurs des navigateurs français n'ont jamais prétendu que leurs compatriotes avaient précédé les Portugais sur la côte occidentale d'Afrique, et n'ont pas réclamé par conséquent la priorité des découvertes; ils ont seulement avancé que quelques Français, dans les dernières années du quatorzième et du commencement du quinzième siècle, avaient reconnu les côtes de Guinée, y avaient noué des relations avec les indigènes et fondé une colonie à la Mine. Rien de plus. C'en était déjà trop pour Santarem qui dénonça ces allégations comme fausses, mensongères, et essaya même de prouver que les voyages des Normands en Guinée étaient invraisemblables. « Charles V, écrivait-il, avait si peu les moyens d'envoyer à la découverte des navires dieppois, qu'il était obligé d'emprunter des vaisseaux au roi de Castille pour soutenir la guerre contre les Anglais. Il n'est donc pas probable que ses sujets aient pu disposer tranquillement de leurs navires et envoyer des expéditions régulières à travers l'Atlantique pour découvrir la Guinée et y fonder des comptoirs. » Il est vrai que nous n'avions pas alors de flotte de guerre et que Charles V fut obligé de recourir aux vaisseaux de son allié le roi de Castille; mais les navires marchands ne manquaient pas. Ils n'ont jamais manqué dans notre pays. Les Normands se signalaient entre tous par leur ardeur commerciale et n'avaient pas besoin de l'autorisation du roi pour entreprendre leurs courses lointaines.

Aussi bien cette autorisation ne leur fit pas défaut. Les encouragements directs de la royauté ne leur manquèrent pas non plus. Un document authentique, que ne connaissaient ni Santarem, ni Vitet, ni Estancelin, ni même le très érudit Gabriel Gravier, le prouve surabondamment. Il s'agit d'une lettre (1) du roi Charles V, datée au bois de Vincennes, 1er juillet 1371, ordonnant de payer à Jaques de Pencoedit une somme de sept cents francs en or. « Nous envoyons nostre amé et féal chevalier Jaques de Pencoedit devers nostre très amé cousin le roy de ..... pour certaines choses qui touchent grandement nostre honneur et le proffit de nos subiez et de nostre royaume ». Or à cette lettre est annexée la quittance de Jaques Pencoedit, en date du 24 juillet 1371. Le souverain, dont le nom ne figure pas sur la missive royale y est nommé en toutes lettres. C'est le roi de Gosel. N'est-ce donc pas le souverain du pays d'Afrique appelé Gozola sur tous les portulans de l'époque, et qui paraît correspondre aux côtes de Guinée? Dès lors non seulement l'authenticité des voyages de nos compatriotes à la côte occidentale d'Afrique, mais encore la participation directe de la royauté à ces voyages ne sont-elles pas démontrées? Il est probable que Santarem, s'il avait eu connaissance de ces précieux do-

(1) Ce précieux document est conservé au cabinet des titres (dossier Penhoadic). Il a été inséré par Léopold Delisle dans les *Mandements et Actes divers de Charles V* (Collection des documents inédits de l'histoire de France), p. 405.

cuments, aurait été moins affirmatif : nous ne jurerions pourtant pas du contraire, car le savant Portugais était déterminé à soutenir sa thèse même contre l'évidence.

N'a-t-il pas encore prétendu qu'il était fort difficile d'aller de Dieppe en Guinée, et que les Dieppois par conséquent n'ont jamais paru sur la côte? En effet les atterrages d'Afrique sont redoutables et le vent d'ouest jette impitoyablement à la côte tout navire qui n'a pas pris ses précautions. Il est certain que les naufrages devaient être fréquents avec des vaisseaux aussi mal agencés que ceux du quatorzième siècle : mais les Dieppois passaient pour les meilleurs marins de l'époque; leur hardiesse était proverbiale. D'ailleurs les Vénitiens, les Génois, les Portugais eux-mêmes accomplissaient des voyages tout aussi dangereux, et jamais personne ne s'est avisé de les contester. Pourquoi donc refuser aux seuls Normands ce qu'on accorde aux autres peuples navigateurs? Les Dieppois du quatorzième siècle ne pouvaient-ils donc pas naviguer aux côtes de Guinée sans qu'il fût besoin de crier au miracle?

Arrivons à la grande objection de Santarem. Il prétend que Villaut de Bellefond ne mérite aucune créance, et que d'ailleurs il est le seul écrivain qui ait jamais parlé des navigations dieppoises. Certes le reproche est grave; mais Villaut de Bellefond, quand il composa son ouvrage, était investi d'une mission officielle; un mensonge de sa part eût entraîné de graves conséquences, puisqu'il s'agissait d'entreprises commerciales à organiser et de relations d'affaires à créer sur la côte de Guinée. Il était si bien pénétré du sentiment de sa responsabilité que, dans son épître dédicatoire à Colbert, il a grand soin d'affirmer sa sincérité absolue. « Vous ne considérez que la verité, dit-il, à laquelle vous ne pouvez souffrir que l'on donne la moindre altération; la disant, que dois-je craindre! » En effet, s'il n'eût pas été sûr de son fait, il est probable qu'on l'aurait envoyé méditer dans quelque prison d'État sur les inconvénients du mensonge. Or, de chaque page de son livre pour ainsi dire se dégage l'affirmation de l'antériorité des découvertes dieppoises. Voici comment il commence sa relation : « Si vous approuvez cette relation que je vous présente, y a-t-il un François qui ne seconde vos glorieux desseins, et qui ne tâche de se rétablir dans ces terres qu'ils ont autrefois possédées? » Il la termine par ces mots : « Or parce que dessus je conclus que les François ont les premiers habité ces terres, qu'ils les ont connues avant les Portugais, et que les Dieppois doivent avoir cet avantage qui leur est justement deu, d'avoir esté les premiers navigateurs d'Europe. » Cette revendication ne fut jamais contestée. Louis XIV lui donna en quelque sorte une consécration par ses lettres patentes du 18 janvier 1668 : « Comme il est de tout temps sorti de notre bonne ville de Dieppe les plus expérimentés capitaines, et pilotes les plus habiles, et les plus hardis navigateurs de l'Europe; que ceux de ce lieu-là ont fait les premières découvertes des pays les plus éloignés... » Villaut de Bellefond ne doit donc pas être traité d'imposteur, et son livre mérite toute créance.

Est-il vrai maintenant que Villaut seul ait revendiqué pour les Dieppois l'honneur d'avoir précédé aux côtes de Guinée les autres peuples d'Europe? Santarem sur ce point s'est singulièrement aventuré. Péchait-il par ignorance ou fermait-il systématiquement les yeux à la lumière? J'imagine pourtant qu'un érudit de sa force connaissait le travail de Samuel Braun (1), publié un demi-siècle avant Villaut, de 1617 à 1620, et dans lequel est racontée tout au long, d'après les nègres d'Akara, la fondation du fort de la Mine par les Français. Bien qu'il ait prétendu le contraire, il devait avoir lu dans l'*Hydrographie* du père Fournier, publiée en 1643 (2), par conséquent avant Villaut, ces lignes décisives : « Avant que les Portugais nous eussent enlevé la Mine, toute la Guinée était remplie de nos colonies, qui portaient le nom des villes de France

(1) Cette relation a été publiée en 1625 (allemand et latin) par Théodore de Bry, en appendice à sa collection des *Petits Voyages*.

(2) FOURNIER, *Hydrographie*. Page 202 de l'édition de 1643 et 154 de l'édition de 1667.

dont elles étoient sorties. » Avait-il encore oublié l'ouvrage pourtant bien connu du docteur hollandais Olivier Dapper, publié en 1668 (1), du temps même de Villaut, qui racontait que les indigènes d'Elmina attribuaient aux Français la construction d'une batterie, et qui avait découvert une pierre sur laquelle on lisait encore les deux premiers chiffres du millésime treize cents? Cette pierre fut retouvée en 1687 par Gabriel Ducasse. « L'opinion commune des gens originaires du pays, écrivait-il, est que ce sont les Français qui ... ont fait les premiers la découverte de cette coste avec quatre vaisseaux. Ils en racontent des particularités qui paraissent fabuleuses, et que les Français ont séjourné longtemps sur les lieux... Ce qui est certain, c'est qu'il y a une batterie appelée de France de temps immémorial et qu'après la conqueste (1637) les Hollandais voulant relever des travaux, on trouva des pierres où il y avoit escrit dessus année 13, le reste se trouvant miné, et comme il n'y a que la nation française qui prononce année, cela confirma les gens dans l'opinion des nègres. Outre ce que disent les nègres de la Mine au sujet des Français, ceux de Commendo assurent que les premiers blancs qu'ils ont vus sont eux, et qu'ils ont resté dans leur pays très long-

(1) L'ouvrage de DAPPER, *Naukerige Beschrijvinge der Affrikensche gemesten*, a été traduit en français en 1686 sous le titre : *Description de l'Afrique*.

temps, et y sont tous morts dans la suite, et montrent le lieu où ils ont esté inhumez. »

Qu'est-il besoin dorénavant, pour démontrer que Villaut n'est pas le seul à parler des explorations dieppoises, d'invoquer le témoignage du sieur d'Elbée, commissaire général de la marine qui, en 1670, vit, sur le Rio Cobus, le château de Saint-Antoine d'Axem. « L'on m'a assuré, écrivait-il (1), qu'autrefois cela avait été aux François, et même qu'il y avoit eu sur la porte de ce château les armes du roy de France, qui ont été ostées par les Hollandais depuis huit à dix ans, et qu'il y a encore des vestiges d'une chapelle qui y étoit. » Est-il nécessaire de citer le chevalier des Marchais (2) qui, en 1726, écrivait à propos d'un village de Guinée : « Quoiqu'il y ait plus d'un siècle que ce comptoir ne subsiste plus, les nègres du pays ont toujours conservé le nom de Petit-Dieppe à cette isle, et les Anglais, Hollandais et autres Européens qui trafiquent à la coste ont continué de nommer ce lieu Petit-Dieppe, et le marquent ainsi sur leurs cartes. » Que dire encore de ce traité signé en 1687 (3) par

(1) *Journal du voyage du sieur d'Elbée, commissaire général de la marine, aux îles et à la côte de Guinée*; 1671.

(2) *Voyages du chevalier des Marchais en Guinée, isles voisines et Cayenne en* 1725, 1726, etc.; 1730.

(3) Traité conclu entre Amoysy, roi de Commendo et Louis XIV, par l'intermédiaire du capitaine Ducasse. Cité par MARGRY, ouv. cit., p. 25.

un roitelet africain de Guinée, le roi de Commendo: « La tradition s'étant toujours conservée depuis plusieurs siècles de l'amour et de l'affection que les roys mes prédécesseurs ont eus pour la nation françoise, et les témoignages que tous mes sujets rendent de la douceur que leurs ancêtres ont goûtée pendant le séjour des François sur cette coste, qui a esté de plus d'un siècle, avons cédé, etc.? »

Villaut de Bellefonds n'est donc pas le seul à parler des navigations dieppoises, et les Portugais eux-mêmes le reconnaissent. Azurara (1), contemporain du prince Henri le navigateur, ne raconte-t-il pas que les navigateurs d'un autre royaume devaient être bien étonnés en apercevant la croix de bois plantée en 1446 au cap Blanc par Diego Alfonso. Il y avait donc à cette époque des navigateurs autres que les Portugais qui fréquentaient ou qui avaient fréquenté ces parages, et quels peuvent-ils être sinon nos compatriotes? C'est ce qu'a reconnu un autre Portugais, Ribeiro dos Santos (2), quand il a dit devant l'Académie royale de Lisbonne : « Nous apprenons que les peuples sortis de la Norvège ou

(1) Azurara, *Chrnica do descobrimento e conquista de Guiné,* édition Santarem, 1841, p. 164. « Bem se deyva maravilhar alguum d'outro regno que per acertamento passasse por aquella costa. »

(2) Académie des sciences de Lisbonne, t. VIII, p. 292, 293. Le travail de M. dos Santos est intitulé : *Memoria sobre dois antigos mappas geographicos do Infante D. Pedro e do Cartorio de Alcobaça.*

Scandinavie, principalement à Diepa ou Dieppe, passèrent en 1364, en cabotant sur la mer Atlantique, près des côtes occidentales du continent africain, jusqu'à ce qu'ils arrivassent à faire en Guinée plusieurs établissements qu'ils baptisèrent de noms français. Il se peut que les navigations des Dieppois se soient étendues jusqu'à la côte de Guinée; cela ne nous paraît pas improbable, bien qu'il reste à savoir jusqu'à quel point de cette côte ils s'avancèrent (1). »

Même en admettant, avec Santarem que Villaut de Bellefonds ait été le seul à nous raconter les explorations dieppoises, le silence des écrivains français antérieurs ou postérieurs ne prouverait nullement que les voyages de nos compatriotes aient été inventés pour les besoins de la cause. Santarem peut, il est vrai, faire preuve d'érudition en énumérant les écrivains qui, du quatorzième au dix-septième siècle, auraient pu parler des voyages dieppois aux côtes d'Afrique, et qui pourtant ont gardé le silence. Mais cette liste interminable, il aurait pu l'allonger encore sans rien prouver contre l'authenticité des expéditions dieppoises, d'autant plus que certains de ses arguments sont étranges. « Au sujet du silence des écrivains français du quatorzième siècle,

(1) RIBEIRO DOS SANTOS, *Ibid.* Se pois estas navegações dos Dieppezes se estenderão até a costa de Guiné, o que nos nao parece improvavel, bem haviao de saber quanto naquella altura se retrahe a costa occidental de Africa. »

écrit-il, nous citerons le plus fameux des historiens de cette nation, c'est-à-dire Froissart, lequel, outre sa qualité de contemporain, s'est encore occupé de l'histoire de presque tous les peuples de l'Europe de 1326 à 1400. Son récit embrasse donc l'époque de ces prétendues découvertes dieppoises et des établissements que Villaut affirme avoir été fondés. Est-il croyable que ce chroniqueur passât sous silence les découvertes faites par ses compatriotes, si réellement elles eussent existé? » Mais Froissart s'est toujours médiocrement soucié de ce que faisaient les petites gens. C'est l'historien des batailles, des beaux coups d'épée, des tournois et des fêtes. Il enregistre avec le soin le plus minutieux et dans tous ses détails les faits et gestes de tel principicule qui l'hébergera, mais ne dit rien des grands événements qui intéressent le peuple. Que lui importaient les voyages des Dieppois, les heureuses explorations de la *Notre-Dame-de-Bon-Voyage?* Sans doute il n'en a rien dit, mais a-t-il tout raconté dans ses voyages? Les chroniqueurs norwégiens n'ont pas tous raconté les courses étonnantes accomplies par leurs compatriotes au neuvième et au dixième siècle. Nul pourtant ne s'est avisé de contredire l'authenticité des sagas islandaises, éditées d'abord par Torfœus (1), puis de nos jours par Karl Rafn, et qui démontrent la dé-

(1) TORFOEUS, *Historia Vinlandiæ antiquæ.* — Id. — *Gronlandia antiqua.* — KARL RAFN, *Antiquitates americanæ.*

couverte par les Northmans du Groenland, du Markland, du Vinland, c'est-à-dire de l'Amérique, aux alentours de l'an mil. Il en est de même pour les expéditions dieppoises. Plusieurs écrivains français ou portugais auraient pu, auraient même dû, en parler. Ils ne l'ont pas fait. Mais le silence des Portugais a son excuse en ceci que même les intéressés, c'est-à-dire les Normands, en avaient perdu le souvenir. Quant au silence des Portugais, il était trop dans leur intérêt pour qu'il n'ait pas sa raison d'être.

Santarem ne se contente pas des écrivains. Il passe en revue les cartographes et démontre, sans beaucoup de peine, que, sur toutes les cartes contemporaines et sur toutes les cartes postérieures, rien n'indique la présence des Dieppois sur la côte d'Afrique à la fin du quatorzième siècle. Il insiste sur une de ces cartes. C'est une mappemonde fort curieuse, insérée dans un précieux manuscrit des chroniques de Saint-Denis, conservé à la Bibliothèque Sainte-Geneviève, à Paris. Cette mappemonde fut dessinée de 1364 à 1380, car elle porte le seing du roi de France, Charles V, qui régnait à cette époque. « Si donc, ajoute Santarem, les prétendues expéditions des Dieppois avaient eu lieu entre 1364 et 1380, cet immense progrès aurait été consigné dans un document contemporain. Or les seuls noms pour l'Afrique, de l'Orient à l'Occident, sont ceux d'Égypte, Thébaïde, Éthiopie, etc. Nul indice de la côte occidentale d'Afrique. » Rien n'est plus vrai; remarquons pourtant que d'autres pays étaient alors découverts, et cela d'une façon indiscutable: Canaries, Islande, Groenland, qui ne figurent pas non plus sur la mappemonde manuscrite des chroniques de Saint-Denis. Les connaissances géographiques en effet se répandaient alors très lentement, d'abord parce que les communications n'étaient pas faciles, et surtout parce que les Dieppois, semblables aux Phéniciens de l'antiquité, gardaient avec un soin jaloux le secret de leurs explorations, afin de prévenir toute concurrence commerciale. Ne constatons-nous pas d'ailleurs, en plein dix-neuvième siècle, et sur des atlas tout à fait contemporains, des omissions regrettables ou des erreurs monstrueuses? Si donc des écrivains laborieux et d'éminents cartographes commettent aujourd'hui de pareilles fautes, à plus forte raison doit-on les excuser chez les écrivains et les dessinateurs du quatorzième et du quinzième siècles, privés de tout secours, sans renseignements précis, et réduits à enregistrer pêle-mêle traditions erronées et documents authentiques.

Aussi bien, est-il tellement prouvé que les cartographes aient tous ignoré les découvertes dieppoises? Sans doute les cartes ou portulans composés par les Normands ont tous disparu, mais si on retrouve (1), bien avant l'époque fixée aux découvertes

(1) FORMALEONI, *Saggio sulla nautica antiqua dei Veneziani.*

portugaises, c'est-à-dire dès 1367 sur la carte de Pizzigani, dès 1375 sur le portulan de Mecia de Viladestes, dès 1413 sur l'atlas Catalan, dès les premières années du quinzième siècle sur le portulan de la Bibliothèque de Dijon, et sur bon nombre de monuments géographiques du moyen âge, des indications nombreuses de pays et de peuples à l'endroit même qui correspond aux côtes de Guinée, n'est-ce point la preuve que ces côtes auraient été visitées, bien avant les Portugais, par d'autres navigateurs?

Quels sont maintenant ces navigateurs? Martin Behaim, sur son fameux globe de 1492, donne à la côte d'Afrique comprise entre Pinias et Cabo Corso le nom de Malaget, c'est-à-dire du poivre, du vieux mot français Malaguette. Ortelius, dans le *Typus orbis terrarùm* de 1587, a conservé à un des ports de la côte de Guinée le nom de Mellegete. Le Vénitien Coronelli porte sur sa carte de 1687 le grand Sestre dit Paris, et la mer de Maleguette. Enfin n'avons-nous pas déjà vu, par le témoignage de des Marchais, en 1726, que les cartes nautiques de tous les peuples de l'Europe gardaient à un des ports de Guinée le nom de Petit-Dieppe?

Il nous sera donc permis de conclure que le témoignage des cartographes ne contredit pas celui des écrivains, et que, malgré les dénégations portugai-

— G. Gravier, *le Canarien*, passim. — P. Gaffarel, *le Portulan de Dijon* (Mémoires de la Commission des antiquités de la Côte-d'Or, volume IX).

ses, les uns et les autres s'accordent pour attribuer aux Dieppois l'honneur des premières découvertes.

A quoi bon nous attacher plus longtemps à ces objections dictées par une jalousie nationale que rien ne motive, car la part des Portugais dans l'histoire des découvertes reste encore assez belle et assez glorieuse? Cherchons sur le sol de l'Afrique, cherchons à Dieppe même des preuves encore existantes des voyages et du séjour de nos compatriotes. Les pierres, jadis remarquées par Dapper, par d'Elbée, et par d'autres voyageurs ont disparu. Les cases bâties par les Français au grand Commendo, l'église de la Mine également bâtie par eux, et qui existaient encore au temps de Villaut, ont aussi disparu; mais notre langue s'est maintenue plus longtemps. « Monsieur, je vous remercie, » répondait à Villaut la belle-fille d'un roi indigène, dont il portait la santé. Au grand Sestre tous les habitants comprenaient et parlaient notre langue. « Ils n'appellent pas le poivre sextos à la Portugaise, écrit à ce propos Villaut, ni grain à la Hollandaise, mais malaguette, et, lorsqu'un vaisseau aborde, s'ils en ont, après le salut ils crient : Malaguette, tout plein, tout plein, tout à terre, de malaguette. » M. Major (1), l'érudit conservateur du British Museum, l'auteur de la vie du prince Henri le Navigateur, a prétendu que le mot malaguette n'était pas français, et que d'ailleurs

(1) Major, *The Life of prince Henry.*

le poivre malaguette n'entrait en France au quatorzième siècle que par les villes de Nîmes et de Montpellier, où il était apporté par les maures, ainsi que le démontrait le traité *Della Decima* composé par Balducci Pegoletti. Pourtant le mot malaguette n'a pas d'équivalent ni en italien, ni en espagnol, ni en portugais. Il a toujours, dans la langue française du moyen âge, servi à désigner le poivre. C'est d'ailleurs un mot de tournure, et, si l'on préfère, de physionomie française. Enfin le malaguette était si peu importé en France par les Maures à Nîmes et à Montpellier, qu'à l'époque même indiquée par Pegoletti (1), il entrait en Seine, et arrivait à Rouen en quantité si considérable qu'on le taxait au quintal. Où donc nos matelots allaient-ils chercher ce poivre? Est-ce à Nîmes, ou à Montpellier? Ne serait-ce pas plutôt dans le pays de Malaguette, sur cette côte qui s'appelle encore la côte du poivre, et dont ils avaient été les premiers à signaler les richesses?

Une autre preuve de la réalité de ces expéditions dieppoises est la facilité avec laquelle les indigènes acceptèrent notre domination quand de nouveau, au seizième et au dix-septième siècles, le pavillon français reparut sur leurs côtes. Opprimés et maltraités par les Portugais et par les Hollandais, ils s'étaient pieusement transmis la tradition de nos

(1) Ch. de Beaurepaire, *De la vicomté de l'eau de Rouen et de ses coutumes au treizième et au quatorzième siècles*, p. 271, 289.

ancêtres du quatorzième et du quinzième siècles, et, comme ils avaient établi entre eux et leurs successeurs une comparaison qui n'était pas à l'avantage de ces derniers, dès que parut de nouveau le pavillon fleurdelisé, ils se jetèrent dans nos bras, et renouèrent la chaîne longtemps interrompue des traditions et des souvenirs. « Les Mores nous aiment, écrivait Villaut, nous sommes les premiers qui avons connu ces terres; allons y faire revivre le nom et la gloire des François. » « La tradition s'étant toujours conservée depuis plusieurs siècles, lisons-nous dans le traité signé en 1687 entre Ducasse et le roi de Commendo, de l'amour et de l'affection que les roys mes prédécesseurs ont eus pour la nation françoise... »

En France, plus encore qu'en Afrique, nous retrouverons la trace des navigateurs normands du quatorzième siècle. Il existe à Dieppe une église, Saint-Jacques, et dans cette église une petite salle qu'on nomme encore aujourd'hui le Trésor. Les murailles de cette salle étaient jadis couvertes de délicates sculptures, commandées par le fameux armateur Jean Ango. Elles représentaient non pas une cérémonie chrétienne, comme on serait tenté de le croire en pareil lieu, mais des hommes, des plantes et des animaux qui n'appartiennent pas à nos climats. L'artiste anonyme avait figuré les peuples avec lesquels Ango était alors en relations. De ces sculptures la frise seule n'a pas été endommagée. Trente-quatre personnages, sans parler des animaux et des plantes, ont trouvé place sur ce bas-relief, et parmi eux on reconnaît aisément, à leurs cheveux crépus, à leur nez écrasé et à leurs grosses lèvres trois Africains. Dieppe n'avait donc pas cessé, au temps d'Ango, c'est-à-dire dans les premières années du seizième siècle, d'être en relations avec les peuples de l'Afrique, et cette continuité dans les habitudes commerciales semble indiquer que, depuis longues années, et conformément à une constante tradition, les vaisseaux dieppois communiquaient avec la Guinée.

On aura déjà remarqué que les Normands rapportaient beaucoup d'ivoire des côtes d'Afrique. Or, à partir de la fin du quatorzième siècle, la ville de Dieppe, où abordaient ces navires chargés d'ivoire, eut comme le monopole de la fabrication des objets en ivoire. Encore aujourd'hui, de toutes les villes de France, elle en fabrique le plus. Sans doute on connaissait l'ivoire en Europe, et même on travaillait cette précieuse denrée bien avant le seizième siècle. Homère, Platon, Strabon, Pline et d'autres écrivains parlent de l'ivoire, et ce n'était certainement pas sur les côtes de Guinée que les négociants grecs ou romains allaient le chercher. On le tirait alors de la côte orientale d'Afrique, de Zanzibar ou de l'Ajan. Au moyen âge les Arabes, qui faisaient ce commerce par la voie de l'Égypte, le répandaient ensuite dans tout le bassin de la Méditerranée. Mais, à la fin du quatorzième siècle, cette exploitation prit subitement une grande extension, et, du jour au lendemain,

Dieppe devint le centre de la fabrication des objets en ivoire. La raison n'en est-elle pas bien simple? Cet ivoire, les marins dieppois allaient le chercher sur les côtes occidentales du continent africain, le rapportaient à Dieppe, et les artistes de cette ville augmentaient sa valeur en le convertissant en cornes ciselées, en bracelets, en crucifix ou en chapelets. La tradition s'est perpétuée : encore aujourd'hui les ivoiriers dieppois exécutent les travaux les plus délicats.

Il est certainement fâcheux que les relations authentiques des voyages de nos compatriotes aux côtes de Guinée aient disparu. Tous les documents, tous les journaux de bord qui, d'après un vieil usage, étaient déposés dans les archives de l'Amirauté à Dieppe, ont été brûlés lors du bombardement de cette ville par les Anglais en 1694. De même la partie la plus curieuse des archives de Rouen a été détruite par Charles VI en 1382, lors de la révolte de la Harelle, c'est-à-dire l'année même où partait pour la Guinée la *Notre-Dame-de-Bon-Voyage*. Mais chaque jour, grâce à l'activité ingénieuse de nos savants, surtout de nos savants provinciaux, l'histoire se modifie et les erreurs se dissipent. Peut-être un manuscrit jusqu'alors oublié, une relation originale de voyage, un journal de bord surgira-t-il de quelque greffe de campagne, de quelque armoire municipale ou de quelque sacristie où il dort depuis des siècles. Jacques de Pencoedit ne vient-il pas d'être révélé? Peut-être connaîtra-t-on bientôt, et par une semblable bonne fortune, quelque autre de ses collègues, et cette heureuse rencontre démontrera une fois de plus, malgré des démentis injustifiés, que nos compatriotes les Dieppois ont réellement découvert et en partie colonisé les côtes de Guinée du quatorzième siècle. Nous avions donc le droit, et nous dirons volontiers que le devoir nous était imposé de rendre justice à ces explorateurs méconnus et à ces héros oubliés.

Ce fut seulement au seizième siècle que recommencèrent les expéditions françaises à la côte d'Afrique, et, cette fois encore, les Normands prirent les devants. Sous le règne de François Ier, ils recommencèrent leur trafic en Guinée, non loin de la Mine, mais ils se heurtèrent tout de suite contre les Portugais, fortement campés dans la contrée, et qui entendaient bien ne pas se laisser déposséder; surtout depuis la fameuse bulle de 1454, à eux délivrée par le pape Nicolas V, et en vertu de laquelle ils avaient la souveraineté exclusive des mers voisines de l'Afrique et de l'Inde. Fidèles à leurs habitudes de prudence commerciale, les Normands se seraient peut-être contentés de glaner là où ils avaient jadis moissonné, mais les Portugais défendirent leurs prétendus droits avec une telle âpreté que nos compatriotes, promptement échauffés par leur outrecuidance, en vinrent à de sanglantes représailles. Ils ne se contentèrent pas de négocier; des armateurs s'improvisèrent pirates. A bord de chaque vaisseau normand, il y eut dorénavant des canons et des soldats. Le vieux sang des pirates du Nord se réchauffa, et souvent les Portugais eurent à se repentir de ne pas avoir admis nos compatriotes au partage des richesses africaines.

Il serait trop long de suivre dans tous ses détails, en recherchant dans les archives municipales les traces de ces pirateries, l'histoire de ces voyages à main armée. Il nous suffira de rappeler les principaux épisodes de cette guerre déguisée contre le Portugal.

La puissance portugaise ne reposait sur aucun fondement : elle était toute d'opinion. Les Portugais n'étaient ni assez nombreux ni assez puissants pour la faire respecter. Ils s'imaginaient naïvement qu'il leur suffirait de parler pour être obéis. « Bien que ce peuple soit le plus petit de tout le globe, lisons-nous dans la relation du gran capitano Francese, que nous a conservée Ramusio (1), il ne lui semble pas assez grand pour satisfaire sa cupidité. Il faut que les Portugais aient bu de la poussière du cœur du roi Alexandre pour montrer une ambition si demesurée. Ils croient tenir dans une seule main ce qu'ils ne pourraient embrasser avec toutes les deux, et il semble que Dieu ne fit que pour eux les mers et la terre. » Or la France n'a jamais cessé de protester contre ces outrecuidantes prétentions. Ses

(1) Ramusio, *Raccolta di viaggi*, t. III, p. 352.

souverains ont toujours réclamé la liberté des mers. Ses marins l'ont toujours défendue. Il en est résulté non pas une guerre ouverte entre les deux couronnes de France et de Portugal, mais une hostilité sourde et continue entre les marins des deux nations. Les Portugais paraissent avoir pris l'initiative des hostilités, mais nos armateurs, exaspérés par la perte de leurs vaisseaux et la ruine de leurs spéculations, ne tardèrent pas à rendre le mal pour le mal, et répondirent aux pirateries portugaises par des actes semblables de brigandage (1). On a conservé les lettres de marque délivrées en 1522 à Jehan Terrien de Dieppe, à titre de représailles contre les Portugais, mais combien d'autorisations semblables durent être accordées, dont il n'est resté aucune trace dans l'histoire. Ces pirateries réciproques devinrent si fréquentes que d'un commun accord le roi François Ier et le roi Jean III instituèrent en 1530 une commission mixte, chargée de régler les indemnités réciproques. On connaît peu le détail des négociations engagées entre les deux couronnes. Il paraîtrait néanmoins que François Ier céda très légèrement aux obsessions de la cour de Lisbonne, car, dès 1531, il ordonnait à l'amiral de France d'arrêter les navires français qui revenaient du Brésil ou de la Guinée, attendu que le commerce de ces deux régions était

(1) FRÉVILLE, *Histoire du commerce maritime de Rouen*, t. II, p. 432.

exclusivement réservé aux Portugais. On (1) conserve aux archives municipales de Rouen le procès-verbal d'arrestation des navires de Nicolas de la Chesnaye, Jean le Gros, Pierre Moisi, Gilles le Froisi, Jean Le Guignès et Richard Fessard qui s'étaient livrés à ce commerce déclaré soudainement interlope. Le conseil de ville s'assembla et chargea un conseiller au Parlement, Nicolas Fasrin, d'exposer au roi « les grands dommages qui adviendraient à ladite ville si tels voyages estoient empeschez. » La mission de Fasrin échoua, mais les Rouennais continuèrent leurs voyages à la côte. En mai et en août nouvelles interdictions de François Ier « à tous ses subgectz de ne aller à la terre de Brésil ne à la Malaguette ». Le 22 décembre 1538, sur les plaintes réitérées de l'ambassadeur de Portugal, le roi nomme une commission spéciale pour la répression des contraventions : « Faictes ou faictes faire derechef et dabondant expresses inibitions et deffences de par nous, sur certaines et grandes peines, qu'ils n'ayent à voyager esd. terres de Bresil et Malaguette, ny aux terres descouvertes par les roys de Portugal, sur peine de confiscation de leurs navires, denrées et marchandises (2). »

Cette ordonnance draconienne mit en grand émoi les négociants français. Quelques Rouennais, « les

(1) *Archives municipales de Rouen*. Registre des délibérations A. 13, fol. 53.

(2) FRÉVILLE, *Histoire maritime de Rouen*, t. II, p. 437.

maîtres de navire » Charlot Migart, Olivier Chouard, Romain Guerry, Geoffroy, Chaulieu, Aveline et Genevois se réunirent à la maison commune pour en demander le retrait, et, cette fois, ils eurent gain de cause (1). Quelques années plus tard, en 1541, avec la nouvelle de l'arrivée en France d'un ambassadeur Portugais qui venait renouveler les plaintes de sa cour au sujet des voyages français, les Rouennais Jean de Quintanadoine, Barthélemy Laisselay, Guillaume de Mouchel, Pierre Cordier et Joseph Tasserye se réunirent de nouveau et envoyèrent à Paris une députation chargée d'empêcher le rétablissement de l'ordonnance. On ignore le résultat de leurs démarches, mais il est probable qu'elles aboutirent heureusement (2), car un article de l'ordonnance de 1543 sur la marine stipule expressément la liberté des mers. Nous lisons en outre dans le journal manuscrit d'un sire de Gomberville que les marins de Barfleur faisaient librement en 1554 le trafic de la maniguette et des dents d'éléphant qu'ils allaient chercher en Guinée (3).

Nos rois n'auraient certainement pas mieux demandé que d'encourager les négociants, Normands ou autres, mais la France se débattait alors dans les convulsions de la guerre civile, et nos souverains étaient

(1) FREVILLE, *Histoire maritime de Rouen*, t. II, p. 437.

(2) Ordonnance de février, 1543.

(3) GRAVIER. *Recherches sur les navigations européennes*, p. 495.

obligés de se désintéresser de toute question maritime. C'est ce qui explique sans doute pourquoi nos armateurs, laissés sans protection, étaient obligés de réduire peu à peu leurs opérations. On a conservé un acte de constitution (1) de société passé à Rouen le 12 octobre 1567, en vertu duquel Barthélemy Hallé, Alonce le Seigneur, Bonaventure de Crament, Eustache Tuvache et Adrien le Seigneur s'associaient pour le commerce maritime, mais en limitant leur action aux côtes du Maroc. Quatorze ans plus tard trois navires, armés pour cette distination, *l'Espérance*, *l'Adventureuse* et *la petite Espérance,* étaient jetés par la tempête aux côtes de Guinée, dans les eaux de l'ancien comptoir dieppois de la Mine. Depuis que le roi d'Espagne Philippe II s'était emparé du Portugal (1580), les Espagnols s'étaient partout constitués les héritiers des droits et des prétentions portugaises. Les naufragés trouvèrent donc à la Mine un gouverneur espagnol, Vasco Fernandez Pimentel, qui les autorisa à décharger leurs marchandises et à les vendre dans le pays, mais il fut remplacé par un certain Rodrigue Passaigues, qui désavoua son prédécesseur, fit emprisonner les capitaines français Sénécal et Pécat, et s'apprêtait à couler leurs vaisseaux, lorsque, secrètement prévenus, ils remirent en mer pour la Normandie. Le roi de France Henri III et son am-

(1) Tabellionage de Rouen. Communication de Mr Gosselin.

bassadeur Langlée protestèrent contre ce déni de justice, mais ils n'obtinrent aucune réparation. Les armateurs lésés (1) se réunirent alors et demandèrent au roi des lettres de marque. Ce dernier s'empressa de les leur accorder jusqu'à concurrence de la somme de 161,241 écus et 21 sols.

Il est probable que les armateurs rouennais ne furent pas heureux dans leur essai de représailles, car le 20 août 1584, sous la présidence de l'un des armateurs lésés, Adrien le Seigneur, sieur de Raulle, les marchands et notables de Rouen se réunissaient pour protester de nouveau contre les déprédations espagnoles. « Attendu..., lisons-nous dans ce curieux document, que les Françoys sont, en général, empeschez de pouvoir trafiquer au cap de Vert, Cerlionne, coste de Guinée, coste de la Myne, coste des Bonnes Gens, et generallement au reste de la coste de l'Afrique... et que à ces causes les marchands ne peuvent plus faire aulcun trafficq par la mer... etc. » Les négociants normands réclamaient la protection royale, mais ils ne purent l'obtenir, car la guerre civile désolait alors notre infortuné pays, et c'est ainsi que, réduits à leurs propres ressources, et découragés par des désastres répétés, nos négociants renoncèrent peu à peu à ces lointains voyages aux côtes de Guinée. Ils concentrèrent leur

(1) Ils se nommaient Jacques le Seigneur, Pierre Lubin, Adrien le Seigneur, Pierre Pillar, Eustache Tuvache, Laurens Hallé, Guillaume Leblanc. — Cf. Gravier, ouvr. cité, p. 490.

activité sur un comptoir qu'ils avaient fondé à l'embouchure du Sénégal, et qui devait être l'origine de notre colonie actuelle du Sénégal; mais, en Guinée, l'obstination portugaise et la résistance espagnole triomphèrent de la persévérance française, et nos armateurs furent obligés de ne plus visiter ces lointains comptoirs, fondés par leurs pères au quatorzième siècle, et où ils auraient pu, s'il avaient été mieux secondés, fonder, dès le seizième siècle, une France équatoriale.

II.

LES DÉCOUVREURS FRANÇAIS

DU BRÉSIL.

COUSIN. — GONNEVILLE.

CANIBALES

Le Brésil. — Extrait d'une mappemonde peinte pour le roi Henri II (reproduction de Jomard).

Nord.
CANIBALES
Abedho
Alcension
Sud.

JEAN COUSIN

ET

PAULMIER DE GONNEVILLE (1).

I. — Jean Cousin.

Le Brésil fut une des premières régions américaines que fréquentèrent nos compatriotes au seizième siècle. Si même on en croit de respectables traditions, non seulement aucun Européen ne les aurait précédés dans cette direction, mais encore l'un d'entre eux, un Dieppois, Jean Cousin, aurait reconnu la côte américaine avant Christophe Colomb. Nous ne cherchons pas ici à soutenir un paradoxe, et, plus que tout autre, nous rendons justice

(1) Ces études sur les premiers voyageurs français au Brésil ont été d'abord publiées dans les *Mémoires du Congrès des Américanistes de Luxembourg*. Mr Charles Leclerc les a réunies dans un volume intitulé : *Histoire du Brésil Françòis au seizième siècle* (Paris, Maisonneuve, in-vol, in-8° 1878). Il nous a autorisé à en détacher quelques épisodes, nous le prions de vouloir bien agréer nos remerciments.

au navigateur génois dont la patience triompha des préjugés contemporains. Les conséquences de la découverte de Colomb durent encore, et c'est à lui, bien réellement, qu'il faut en reporter l'honneur : mais ne serait-ce qu'à titre de curiosité historique, n'avons-nous pas le droit et presque le devoir de chercher à remettre en pleine lumière le hardi marin, à qui reviendrait peut-être la gloire d'avoir le premier, dans les temps modernes, mis le pied sur le sol américain? Tout en reconnaissant que les preuves de la priorité de ce voyage ne sont pas encore très solides, avouons au moins que ce problème géographique mérite une discussion spéciale.

Jean Cousin (1) appartenait à une des bonnes familles du pays dieppois. Dès sa jeunesse il s'était adonné à la navigation. Tour à tour soldat et négociant, il s'était distingué dans un combat entre les

(1) Sur Jean-Cousin on peut consulter : DESMARQUETS, *Mémoires chronologiques pour servir à l'histoire de Dieppe et de la navigation française*, 2 vol. in-12, 1785. — ESTANCELIN, *Recherches sur les voyages et découvertes des navigateurs Normands*. — VITET, *Histoire des anciennes villes de France* (Dieppe). — MARGRY, *Les Navigations françaises et la révolution maritime du quatorzième au seizième siècle*. — P. GAFFAREL, *Rapports de l'Amerique et de l'ancien continent avant Colomb*, p. 314-324. *Revue politique et littéraire du* 2 *mai* 1874. — Voir également DAVID ASSELINE, *les Antiquités et chroniques de la ville de Dieppe*, édition Hardy, Guérillon et Sauvage, 1874, et CLAUDE GUIBERT, *Mémoire pour servir à l'histoire de la ville de Dieppe*, édition Hardy, 1878.

Anglais (1), et il avait fait ses preuves aux côtes d'Afrique et dans plusieurs voyages au long cours. On était alors en 1488. Les grandes guerres contre l'Angleterre étaient achevées. Louis XI, en réprimant la turbulente activité des seigneurs féodaux ou apanagés semblait avoir clos l'ère des guerres civiles. Le commerce extérieur renaissait. Au bruit des découvertes portugaises en Afrique, à la pensée des mondes nouveaux qui s'ouvraient aux convoitises mercantiles, il y eut comme une recrudescence dans le commerce dieppois. Quelques gros marchands de cette ville s'associèrent et proposèrent à Jean Cousin de partir pour un voyage d'exploration. Il devait s'engager dans la voie déjà frayée par ses compatriotes, et s'efforcer, tout en suivant leurs traces, de prévenir les Portugais aux Indes Orientales. Cousin était alors dans la force de l'âge et dans l'ardeur des espérances. Bien qu'il lui fallût s'avancer au sud de l'équateur avec les navires de l'époque, si mal construits, à peine pontés, surchargés de voiles et de cordages inutiles, et affronter les courants qui, même aujourd'hui, rendent si dangereuses les ap-

(1) DESMARQUETS, ouv. cit. t. I, p. 92. « Un jeune capitaine de cette flotte s'étoit distingué par les habiles manœuvres qu'il avait faites, et par la bravoure avec laquelle il s'était battu contre quelques vaisseaux anglois qu'il avoit pris. Le compte qu'on en rendit aux armateurs de Dieppe ne resta point sans une distinction méritée. Il étoit trop de leur intérêt d'avoir d'habiles capitaines pour ne pas accueillir ceux qui donnoient des preuves de leur capacité. »

proches de la côte africaine, il accepta les offres des armateurs Dieppois, et mit à la voile en 1488. Il est impossible de préciser davantage la date de son départ, la tradition seule ayant conservé le souvenir de ce voyage.

Pourtant jamais expédition maritime n'aurait été plus féconde en résultats inespérés. Afin d'éviter les tempêtes toujours fréquentes dans ces parages et de ne point échouer sur les bancs de sable et les écueils si nombreux sur la côte occidentale d'Afrique, depuis le détroit de Gibraltar jusqu'au cap des Palmes, Cousin avait profité des vents du large, et s'était lancé en plein Océan. Arrivé à la hauteur des Açores, il fut entraîné à l'ouest par un courant marin et aborda une terre inconnue, près de l'embouchure d'un fleuve immense. Il prit possession de ce continent; mais, comme il n'avait ni un équipage assez nombreux, ni des ressources matérielles suffisantes pour fonder un établissement, il se rembarqua. Au lieu de revenir directement à Dieppe pour y rendre compte de sa découverte, il cingla dans la direction du sud-est, c'est-à-dire de l'Afrique australe, découvrit le cap qui depuis a gardé le nom de cap des Aiguilles, prit note des lieux et de leur position, remonta au nord le long du Congo et de la Guinée, où il échangea ses marchandises, et revint à Dieppe en 1489.

Tel aurait été le voyage de Cousin. Est-il vrai que, dans la première partie de ce voyage, précurseur immédiat de Colomb, il ait découvert en Amérique le Brésil et l'embouchure des Amazones? Est-il vrai que, dans la seconde moitié de son expédition, devancier direct de Vasco de Gama, il ait presque doublé l'Afrique et indiqué le chemin de l'Hindoustan?

Si de pareilles prétentions étaient fondées, ce ne serait pas un médiocre honneur pour notre pays que d'avoir donné le jour à celui qui découvrit le Nouveau-Monde, et augmenta si démesurément le domaine de l'humanité. Mais laissons de côté tout amour propre national, et, sans imiter l'amusante fureur de ce savant étranger qui refusait d'accepter sur ce point même la plus courtoise des controverses, discutons froidement la validité ou la fausseté de la tradition dieppoise.

Nous nous occuperons seulement de la première partie du voyage, c'est-à-dire de la découverte réelle ou prétendue de l'Amérique.

Tout d'abord les objections. Voici la plus grave : Il n'existe aucune preuve authentique de ce voyage de Cousin; nul document officiel n'en a conservé le récit; les titres sur lesquels on s'appuie pour déposséder Colomb de sa vieille gloire n'ont donc aucune valeur.

En effet, le seul souvenir qui nous soit parvenu de la découverte de Cousin a été conservé dans un ouvrage écrit avec trop peu de critique pour faire autorité. Cet ouvrage, composé par Desmarquets, est intitulé : *Mémoires chronologiques pour servir à l'Histoire de Dieppe et de la Navigation française* ». Il est plein d'erreurs et de négligences, mais il a été composé sur des manuscrits officiels, sur des relations extraites des dépôts de l'Amirauté et de l'Hôtel de ville, et il pèche plutôt par les détails que par le fond. Jusqu'à nouvel ordre, cet ouvrage est notre seule autorité, et par conséquent l'objection subsiste. Les Dieppois, il est vrai, assurent que Cousin, d'après le vieil usage des capitaines normands, avait consigné au greffe de l'Amirauté le récit de son expédition, mais que, lors du bombardement et de l'incendie de la ville par les Anglais, en 1694, cette relation fut anéantie avec toutes celles qui s'y trouvaient conservées depuis trois siècles au moins. L'incendie des Archives dieppoises en 1694 n'est que trop réel, et la relation de Cousin a sans doute été brûlée avec les autres; mais l'avenir nous réserve plus d'une surprise. Chaque jour, l'histoire se modifie et les erreurs disparaissent. Peut-être un manuscrit jusqu'alors oublié surgira-t-il de quelque dépôt, où il dormait depuis des siècles, et alors nous aurons un Jean Cousin non plus d'après Desmarquets, mais d'après Jean Cousin lui-même. Ce jour-là seulement disparaîtra tout à fait cette première objection.

Seconde objection : Est-il vraisemblable que Cousin se soit tellement avancé dans l'Atlantique qu'il ait rencontré le Gulf-stream qui le jeta sur les côtes brésiliennes? — Mais, depuis de longues années (1) les Dieppois fréquentaient les rivages africains; ils y avaient même fondé des comptoirs; aussi connaissaient-ils les dangers de la navigation dans ces parages; ils savaient combien la côte occidentale de l'Afrique est peu hospitalière, surtout quand souffle le vent du nord-ouest. Les Portugais, avec lesquels ils étaient en rapports constants, les avaient confirmés dans leurs appréhensions, et c'était pour ainsi dire une notion courante chez les pilotes dieppois que, pour atterrir aux côtes africaines, il fallait s'élever au large jusqu'à la hauteur du point précis où l'on désirait aborder. Dès lors quoi d'étonnant que Cousin se soit conformé aux prescriptions généralement reçues, et que, voulant aborder beaucoup plus au sud que ses compatriotes n'en avaient l'habitude, il se soit avancé beaucoup plus à l'ouest dans l'Atlantique, jusqu'à ce qu'il ait rencontré sans s'en douter le Gulf-stream, au courant duquel il s'abandonna? Il n'y a là rien que de très probable. Cousin a simplement suivi l'exemple de ses devanciers, et il a profité d'un courant dans les eaux duquel il était entré par hasard.

Une troisième objection, toute contemporaine, est relative au prétendu maître de Cousin, à l'abbé

(1) *Explorateur* du 15 avril 1875. *Les Normands au Sénégal et en Guinée au quatorzième siècle.* — GRAVIER, *Les navigations européennes à la côte occidentale d'Afrique avant les découvertes portugaises.*

Desceliers. Cet abbé Descaliers ou Desceliers était né à Dieppe (1). Il entra dans les ordres, et fut attaché à une des églises de la ville. Les mathématiques, et surtout l'astronomie devinrent son étude favorite. Le voisinage de la mer et la fréquentation des marins l'engagèrent à appliquer aux progrès de la navigation les sciences qu'il aimait, et à distribuer les trésors de son expérience à tous ceux qui voudraient en profiter. Il obtint de tels succès dans cette œuvre patriotique, et l'école d'hydrographie qu'il avait fondée devint si importante que les bourgeois de Dieppe lui assurèrent des ressources pour acheter des livres et des instruments, et des loisirs pour perfectionner son enseignement. Il est vrai que sa réputation ne s'étendit pas au loin, parce qu'il vivait dans un temps d'ignorance, et craignait de se compromettre en exposant au grand jour ses théories; mais ses compatriotes lui rendaient justice (2). Ils la lui ont même tout récemment rendue, en donnant son nom à une des rues de leur ville (3). Des-

(1) Le nom se retrouve sous les formes de Des Cheliers, Des Celiers, Deschaliers, ou Descaliers.

(2) Desmarquets, ouv. cit., t. I, p. 92 « Descaliers étoit le meilleur mathématicien et astronome de son temps. Sa mémoire jouiroit de la plus grande réputation, s'il fut né deux siècles plus tard, ou s'il y eût eu depuis sa mort quelque historien qui l'eût fait connaître. C'est lui qui a donné les premiers éléments de la science hydrographique. »

(3) Malte Brun, *Bulletin de la société de géographie de Paris*, sept. 1876.

celiers ne se contentait pas d'enseigner les principes de la navigation : il dressait des sphères et des cartes (1) nautiques, qu'il distribuait à ceux de ses élèves qui entreprenaient des voyages au long cours, ou même vendait à ceux qui les lui commandaient. Deux de ces cartes marines existent encore. La première appartenait à Mr Christoforo Negri. Il la vendit au ministre d'Angleterre à Turin, Mr Hudson, qui la déposa au British Museum, où elle se trouve aujourd'hui. Cette carte a 2m,15 de longueur sur 1m,35 de hauteur (2). Elle porte la mention suivante : FAICTE A ARQUES PAR PIERRE DESCELIERS. P. BRE : L'AN 1550. La seconde est en possession de monsieur l'abbé Bubics, de Vienne. On a pu l'admirer en 1875 à l'Exposition internationale de géographie de Paris (3). Elle ne mesurait pas moins de deux mètres et demi carrés. Elle portait la mention suivante : FAICTE A ARQUES PAR PIERRE DESCELIERS PREBSTE. 1553. Malgré quelques différences, ces

(1) Asseline, *Les Antiquités et chroniques de la ville de Dieppe*, édit. 1874, t. III, p. 375. « Pour ce qui est des cartes marimes, je dirai que le sieur Pierre Desceliers, prestre à Arques, a eu la gloire d'avoir esté le premier qui en ait fait en France. Aussi estoit-il un si habile géographe et astronome, qu'il fit une sphère plate ; au milieu on voyait un globe qui représentait toutes les parties du monde. »

(2) Communication de Mr de Challaye, insérée dans le *Bulletin de la société de géographie de Paris*, de septembre 1852, page 235.

(3) Section d'Autriche Hongrie n° 147.

deux cartes sont évidemment du même auteur, et cet auteur n'est autre que le fondateur de l'hydrographie française.

Par malheur, Desmarquets et les biographes normands qui l'ont copié font naître Desceliers vers 1440. Il aurait donc eu cent dix et cent treize ans quand il composa les portulans de Londres et de Vienne. D'ordinaire on n'a pas à cet âge conservé la plénitude de ses facultés au point de construire une carte. Si donc Desceliers composait des cartes en 1550, il n'était pas né en 1440, et ne pouvait en 1488 donner des leçons à Cousin. Le maître ne professant pas à cette époque, l'élève n'a jamais profité de ses leçons, et la tradition est fausse.

Cette objection paraît, au premier abord, à peu près insoluble (1). Nous avions essayé de la résoudre en alléguant que deux abbés Pierre Desceliers pouvaient avoir existé. Nous avions cru également que les portulans de Londres et de Vienne n'étaient que des copies de cartes réellement exécutées par Desceliers, et auxquelles on aurait conservé, comme ce fut longtemps et comme c'est encore l'usage, le nom de leur auteur : Mais nous ne pouvions nous dissimuler la faiblesse de cette argumentation. M. Malte-Brun, auquel nous avons exposé nos doutes (2), nous a fait remarquer avec raison que les

(1) *Revue politique et littéraire*, art. cit.

(2) Lettre particulière du 14 novembre 1876.

deux portulans ne peuvent avoir été composés que par l'abbé Pierre Desceliers. C'est ce même abbé qui aurait dressé sur la demande de François de Guise, son contemporain, une carte des forêts de France (1). C'est encore lui dont M. de Beaurepaire a retrouvé le nom dans un acte de 1537 (2). Le doute n'est plus possible, et l'objection subsiste dans toute sa force.

Nous savons déjà que Desmarquets est fort sujet à caution. Il mêle volontiers le faux et le vrai, confond les époques et les hommes, et exagère l'importance des actes des Dieppois. Peut-être cette date de 1440, donnée par lui, est-elle erronée ? ce qui nous porterait à le croire, c'est qu'un autre annaliste dieppois, bien plus consciencieux et plus complet que Desmarquets (3), Louis Asseline, parle de Cousin comme du contemporain et nullement comme de l'élève de Desceliers. Il le cite même comme travaillant avec lui à la confection de cartes et d'instruments nautiques. « J'ajouterai à cela, dit-il, à la louange de nos Dieppois que le sieur Pretot (Prescot), surnommé le savant, excelloit en la pratique des globes, et que le capitaine Coussin (Cousin) qui étoit habile à les construire, ne l'étoit pas moins à fabriquer des sphères. On tient qu'il en fit une dans

(1) Guibert, *Mémoires biographiques et littéraires sur les hommes illustres de Seine-Inférieure*, t. I, p. 303.

(2) De Beaurepaire, *Recherchés sur l'instruction publique dans le diocèse de Rouen* avant 1789, t. III, p. 198.

(3) Ouv. cit., t. II, p. 325.

un œuf d'autruche, avec tant d'industrie, et de justesse, que cet ouvrage imitoit le mouvement des cieux. » Dès lors tout s'expliquerait : Descceliers et Cousin étant à peu près du même âge, ils ont pu se communiquer les résultats de leur expérience et leurs connaissances positives. De la sorte, l'existence des deux portulans de Londres et de Vienne n'infirmerait en rien l'authenticité du voyage de Cousin au Brésil.

Reste une dernière objection : en 1500 (1) le Portugais Alvarès Cabral, qui voulait, lui aussi, tourner l'Afrique et s'était enfoncé dans l'Océan, fut entraîné par le même courant, et, le 22 avril, arriva en vue d'un continent qu'il désigna sous le nom de Vera Cruz. C'est le Brésil actuel. Il en prit possession au nom du roi de Portugal, et jamais les Dieppois ne lui contestèrent ce droit de premier occupant. Donc Cousin n'a pas découvert le Brésil en 1488, douze ans avant Cabral. — Il est vrai que les Dieppois n'ont jamais protesté (2), mais, en vrais et habiles commerçants, ils gardaient soi-

(1) Barros, *Decade primeira da India*, liv. I, § 30. — Ramusio, *Raccolta di navigazioni e viaggi, etc.* — Osorio, *De rebus Emmanuelis Lusitaniæ regis*, liv. II, p. 48-52.

(2) Desmarquets, ouv. cit., t. I, p. 94 : « Les armateurs de cette ville étant convenus, pour leur intérêt, de garder le secret des découvertes que feroient leurs navires, ils cachèrent celle que Cousin venoit de faire du bout de l'Afrique. Ils crurent être les seuls qui pourroient, à ce moyen, pénétrer jusqu'aux Indes, et en tirer un parti immense. »

gneusement le secret de leurs découvertes. Ils redoutaient la concurrence, et lorsque, par hasard, des rivaux commençaient à fréquenter le pays avec lequel ils avaient longtemps seuls commercé, ils s'éloignaient et cherchaient ailleurs des aventures plus profitables et une contrée plus mystérieuse. De plus, comme ils n'étaient soutenus ni par le gouvernement français, ni par leurs compatriotes des autres ports du royaume, et qu'ils n'étaient que de simples négociants, jamais ils n'auraient seulement eu la pensée d'entrer en lutte contre un souverain étranger, et de lui contester l'exercice d'un de ses droits; car, avec les idées de l'époque, ils pouvaient être considérés comme des contrebandiers et traités en cette qualité. A partir de l'année 1494, lorsque le pape Alexandre VI, dans sa munificence ignorante, eut concédé aux rois de Castille et de Portugal la possession de toutes les terres découvertes ou à découvrir entre les Açores et les Moluques, tout étranger qui s'aventurait sur le domaine de ces deux princes et y tentait fortune, non seulement violait un décret pontifical, mais encore s'exposait à être traité comme un maraudeur surpris en flagrant délit dans une propriété privée. Les Portugais surtout mettaient à soutenir ce prétendu droit une énergie passionnée; aussi les Dieppois ne se hasardèrent-ils pas ni à revendiquer pour l'un d'entre eux l'honneur de la découverte du Brésil, ni à braver à la fois la puissance pontificale et la marine portugaise. Ils laissèrent Cabral prendre possession au nom de son maître du pays qu'il croyait avoir découvert, et se contentèrent de continuer à exploiter les richesses de la contrée.

Nous avons cité les témoins à charge. C'est maintenant le tour des témoins à décharge. Leurs preuves s'enchainent plus rigoureusement et apportent une vraisemblance plus complète.

Tout d'abord, le voyage de Cousin est-il possible? Il l'est géographiquement et historiquement. La tradition dieppoise, en effet, se fonde uniquement sur le hasard d'un courant qui aurait porté Cousin sur le continent américain. Or ce courant existe : au large des Açores, naît en plein Océan un véritable fleuve maritime qui se dirige à l'ouest, vers la côte du Brésil, remonte au nord, contourne le golfe du Mexique, sort par le détroit de Bahama, et se déploie dans la direction de l'Europe. C'est le fameux *Gulf-stream* (1). Ses eaux sont animées par un mouvement constant de translation. Elles charrient d'énormes pièces de bois, des troncs d'arbre, des roseaux qu'on dirait abandonnés à la pente d'un fleuve continental. Un navire qui a pénétré dans ce courant n'aurait, pour ainsi dire, qu'à se laisser aller pour arriver des Açores au Brésil. Aussi bien on connaît tellement aujourd'hui la

(1) Voir *Bulletin de la société de Géographie*, 1872. — MASQUERAY, *Le Gulf-stream*.

force et l'impétuosité de ses eaux que les navires, même à vapeur, qui font le trajet d'Europe au Brésil, s'engagent volontiers dans ce courant, qui leur épargne une grande dépense de combustible et de temps, et l'évitent au contraire quand ils reviennent du Brésil en Europe. Cousin le rencontra et se laissa conduire. Il se fia au hasard qui le servit admirablement, et ses compagnons n'hésitèrent pas à le suivre, quand il se fut engagé dans cette direction nouvelle. Géographiquement le voyage est donc possible.

Historiquement il l'est aussi. De tous les peuples qui, sur la foi de la boussole, se risquèrent à de lointains voyages et affrontèrent gaiement les dangers de l'Océan, il n'en est aucun qui se soit avancé aussi loin et avec plus d'audace que les Dieppois. Dieppe, à la fin du quinzième siècle, était à la fois notre grand port de commerce et notre grand port militaire, notre Marseille et notre Brest. Ses négociants étaient aussi actifs que ses corsaires étaient braves. Ils semblaient avoir conservé en partie l'héroïsme et l'esprit d'aventure de leurs ancêtres les Northmans. Pêcheurs hardis, ils poursuivaient en pleine mer la baleine ou le cachalot, et se laissaient emporter par la tempête à d'énormes distances. Voyageurs intrépides, surtout aux côtes d'Afrique, ils n'hésitaient pas à s'enfoncer dans les continents inconnus. Aussi, grâce à leurs batailles, à leurs pêches, à leurs voyages de découverte et d'exploration, la réputation de nos Dieppois était-elle solidement établie en France et en Europe. Dans un pareil milieu, l'expédition confiée à Cousin devenait non seulement possible, mais même probable. A la fin du quinzième siècle les Castillans et les Portugais commençaient à se lancer sur toutes les mers; les souverains des deux pays prenaient une part directe à ces expéditions et les encourageaient, quand ils ne les inspiraient pas. Le commerce étant pour Dieppe une question de vie ou de mort, il fallait répondre à la concurrence étrangère par une activité plus fiévreuse et une audace plus grande. Les Dieppois furent à la hauteur de leur vieille réputation, et de la sorte s'explique l'expédition projetée par quelques négociants de cette ville, qui en confièrent le commandement à Jean Cousin.

Le lieutenant (1) de Cousin était un Castillan, nommé Pinçon. Jaloux de son capitaine, cet étranger avait essayé de soulever l'équipage contre lui. Cousin avait eu besoin de sa fermeté et de son éloquence pour contenir les mutins; au lieu de punir le traître, il lui conserva son commandement, mais ne tarda pas à se repentir de sa générosité. Au retour (2), sur la côte d'Angola, il avait envoyé son lieutenant à terre pour y échanger des marchandises. Les Africains demandèrent une augmentation de prix. Pinçon la leur refusa, et s'empara par force

(1) Desmarquets, ouv. cit., t. I, p. 94.
(2) *Id.*, t. I, p. 96.

des objets de leur négoce. Les Africains voulurent se venger, et assaillirent les Dieppois. L'expédition faillit échouer, et la réputation de la probité dieppoise fut compromise sur la côte. Pinçon avait donc manqué à ses devoirs de lieutenant, et il s'était maladroitement comporté comme négociant. Cousin le cita à l'Hôtel de ville de Dieppe, où se tenait le conseil, devenu plus tard tribunal de l'Amirauté, le fit casser, et déclarer impropre à servir désormais dans la marine dieppoise. Pinçon accepta le jugement qui le frappait, et se retira à Gênes, puis en Castille. Or tout porte à croire que ce Pinçon est le même auquel Colomb confia, trois ans plus tard, le commandement d'un des trois bâtiments de sa petite escadre, et, dès lors, quel jour sur la découverte de notre capitaine dieppois !

De fréquents rapports existaient entre les Dieppois et les Castillans. Les matelots des deux nations étaient réciproquement exemptés de certains droits. On a conservé une ordonnance de 1364 qui dispense les Castillans de payer toute rétribution pour le feu entretenu au cap de Caux. Depuis que les marins français et espagnols avaient appris à s'estimer en combattant ensemble les Anglais sous les règnes de Charles V et de Henri de Transtamare, ils avaient entretenu des relations suivies. Les Dieppois faisaient fortune en Castille, comme Robert de Braquemont qui devint amiral de Castille, ou Jehan de Béthencourt qui obtint le titre de roi des Canaries (1) sous la suzeraineté de la Castille. Les Castillans de leur côté s'étaient établis en assez grand nombre à Dieppe. Pas un navire dieppois ou castillan ne prenait la mer qu'il n'eût à son bord un interprète ou un pilote castillan ou dieppois. Il est donc naturel que Cousin ait choisi pour lieutenant un Castillan réputé pour sa science nautique.

Si, d'un autre côté, nous nous rappelons que Colomb avait perdu tout espoir, lorsque tout à coup il fut accueilli par trois marins de Palos, habiles, prudents, renommés, qui devinrent ses amis, ses confidents et bientôt ses associés, est-ce donc que ces trois marins, égoïstes et calculateurs, auraient été séduits par l'enthousiasme communicatif de Colomb? Rien n'est moins probable. La réflexion et non la passion; le souvenir d'un voyage antérieur ou la conformité des plans et des vues, nullement la confiance aveugle en un seul homme décidèrent ces froids et avisés navigateurs. Or ces trois obscurs Castillans qui donnaient à Colomb ce que lui avaient refusé des souverains étrangers se nommaient Alonzo Pinçon, Vincent Yanez Pinçon et Martino Pinçon. L'un des trois frères, Alonzo, était sans doute l'ancien lieutenant de Cousin qui avait déjà entrevu le nouveau monde; pour le retrouver

(1) G. Gravier, *Le Canarien*, passim.

(2) El cual era aquel tiempo humbre muy sabido en las cosas de la mar. Procès de Colomb cité par Vitet, *Histoire de Dieppe*. t. II, p. 65.

il manquait un homme d'action; Colomb se présenta, et des intérêts confondus naquit l'association.

Plus encore que l'accueil fait à Colomb, ou que la conformité du nom, ce qui semblerait indiquer dans Alonzo Pinçon la connaissance antérieure d'un autre continent, ce fut sa conduite pendant le voyage. Bien que sous les ordres de l'amiral, puisque Colomb avait reçu de la couronne de Castille et ce titre et l'investiture des futures découvertes, Pinçon agit toujours à sa guise. Le fils de Colomb dans la *Vie de son père* qu'il composa plus tard, n'essaie seulement pas de contester que, dans les circonstances difficiles, Colomb consulta toujours Alonzo Pinçon. Ce n'était certes pas à titre de marin, car Colomb avait navigué toute sa vie et n'avait besoin des leçons de personne; ni en qualité de lieutenant, car Colomb l'eût fait venir à son bord pour tenir conseil avec lui, tandis que souvent il passe sur la *Pinta* que commande Pinçon, s'enferme de longues heures avec son prétendu subordonné, lui communique des cartes, et ne décide rien sans l'avoir consulté. On eût dit qu'il s'adressait moins à sa science qu'à ses souvenirs. Quand Pinçon insistait à plusieurs reprises, et notamment les 18 et 25 septembre et le 6 octobre pour qu'on cinglât vers le sud-ouest afin de trouver terre, n'était-ce pas qu'il se rappelait le grand courant équatorial, et voulait le retrouver pour être porté par ses eaux (1)? Lors du procès qui s'éleva après la mort de Colomb entre son fils Diego et la couronne de Castille, dix témoins déposèrent dans l'instruction que l'amiral demandait à Pinçon si l'on était en bonne voie, et que Pinçon avait toujours répondu négativement jusqu'à ce qu'on eût pris la direction du sud-ouest. Colomb marchait en homme qui n'a fait que rêver ce qu'il exécute (2), et Pinçon comme s'il cherchait un chemin autrefois parcouru par lui. Il était si convaincu, si sûr de lui-même, que Colomb finit par l'écouter. Quelques jours plus tard on touchait à San Salvador.

Alonzo Pinçon était donc un associé plutôt qu'un subordonné. Le 6 octobre, quand les équipages découragés demandèrent à grands cris le retour, et que Colomb assembla les capitaines à son bord afin de prendre une détermination décisive, ce fut Alonzo Pinçon qui prit la parole et raffermit les esprits ébranlés. Il y avait dans cette ferme volonté de conserver la même direction autre chose qu'un effet de pur hasard et d'heureux entêtement. Cette affirmation répétée de découvrir la terre ne reposait pas

(1) *Journal de bord de Colomb,* 8 et 12 août, 18 et 25 sept., 6, 11, 17 19 octobre, etc.

(2) *Journal de Colomb :* « On quitta la route de l'ouest pour prendre celle du sud-ouest, du côté de cette terre que l'on croyait être à vingt-cinq lieues. » — « Martin Alonzo Pinçon exprima l'avis qu'il valait mieux naviguer au quart de l'ouest, dans la direction du sud-ouest : avant tout il fallait, dit-il, arriver à la terre ferme d'Asie ; on verrait les îles ensuite. »

sur une simple conjecture. Pinçon n'eût pas autrement agi s'il eût été certain de l'existence d'un continent, et il l'était, comme le prouva l'issue du voyage.

Sa conduite ultérieure, après la découverte prouva jusqu'à l'évidence qu'il agissait avec réflexion. Une première fois (1) il abandonna Colomb comme s'il ne pouvait supporter la pensée de servir sous ses ordres, et, pendant quarante-cinq jours, découvrit lui seul de nombreuses îles. Quand il eut par hasard rejoint l'amiral, il essaya de l'abandonner une seconde fois (2) et de porter le premier en Europe la nouvelle de la découverte. On a prétendu que la jalousie l'excitait : sans doute ce sentiment haineux dictait en partie sa conduite, mais l'amer regret de n'être qu'en seconde ligne à profiter d'une découverte antérieure n'entra-t-il pas pour beaucoup dans sa défection?

Le Pinçon, lieutenant de Colomb, est-il bien le même, dira-t-on, que le Pinçon lieutenant de Cousin? En 1489 le Pinçon de Cousin fut renvoyé de Dieppe, et deux ans et demi plus tard l'escadre de Colomb entrait dans l'Atlantique : Pinçon avait donc eu le temps de revenir en Castille, de s'entendre avec ses frères et de préparer son expédition. Sans insister sur la similitude absolue du nom, à tout le moins

(1) *Journal de Colomb*, 21 novembre 1492 et 6 janvier 1493.
(2) *Ibid.*, 14 février 1493.

fort probante, nous remarquerons encore que les caractères présentent une grande analogie : hauteur, emportement, duplicité, mais aussi fermeté et persévérance. Si donc la chronologie, si les noms, si les caractères, si tout s'accorde à prouver l'identité des Pinçon, l'authenticité de la tradition dieppoise n'est-elle pas par cela même confirmée?

Peut-être objectera-t-on que, si réellement Pinçon avait découvert l'Amérique avant Colomb, il aurait revendiqué pour lui cet honneur lors du procès qui s'éleva à la mort de l'amiral. Mais Pinçon avait été renvoyé fort ignominieusement de Dieppe, il ne voulait sans doute pas rappeler cette mauvaise affaire, et s'exposer à l'affront d'être publiquement démenti par les Dieppois, s'il réclamait pour lui la gloire d'avoir aperçu le premier la terre nouvelle. Aussi bien ce fut toujours comme un héritage de famille chez les Pinçon de voyager dans la direction du Brésil. En 1499, le neveu d'Alonzo, Vincent Yanez Pinçon, entreprenait à ses frais une expédition en Amérique, et se dirigeait précisément vers le point de la côte que Cousin est censé avoir découvert en 1488, en compagnie de son lieutenant castillan, c'est-à-dire vers le Brésil, entre Pernambuco et l'embouchure de l'Amazone. Était-ce pur hasard, coïncidence fortuite ou dessein prémédité, on l'ignore. Yanez Pinçon voulait sans doute profiter pour son compte des indications de son oncle Alonzo. Son voyage fut heureux. Le 20 janvier 1500, avant Cabral, auquel on attribue d'ordinaire l'honneur de cette découverte, il découvrait une terre qu'il nommait Santa-Maria de la Consolacion; puis, longeant la côte à partir du cap Saint-Augustin, il explorait les embouchures de l'Amazone, le fleuve entrevu par Cousin. La même année 1499 sortait encore de Palos, c'est-à-dire de la ville des Pinçon, un de leurs matelots, Diego de Lepe, qui observait le delta de l'Orénoque, et côtoyait le Para. Il y avait donc à Palos, dans la famille et dans l'entourage des Pinçon, une tradition véritable, dont l'origine remontait à l'ancien lieutenant de notre Cousin. La couronne de Castille reconnut en partie les droits de cette famille à la découverte de l'Amérique, lorsque en 1519, Charles-Quint lui concéda des lettres de noblesse avec des armoiries parlantes : trois caravelles voguant en pleine mer, et une main étendue vers une île pleine de sauvages. Aussi bien les Pinçon étaient tellement persuadés de la légitimité de leurs droits qu'ils s'emparèrent à cette occasion de la devise même de Colomb et substituèrent leur nom à celui de l'amiral.

A Castilla y a Leon
Nuevo mundo dio Pinzon.

De tout ce qui précède n'avons-nous pas le droit de conclure que notre compatriote fut le précurseur immédiat de Colomb? Dès 1582, un autre Dieppois, la Popellinière (1) écrivait déjà de Cousin. « Nostre

(1) La Popellinière, *Histoire des trois mondes*. C'est ce quo

François, si mal advisé, n'a eu ni l'esprit ni la discrétion de prendre de justes mesures publiques pour l'asseurance de ses desseins aussi hautains et généreux que ceulx des autres. » En effet le silence s'est fait pendant deux siècles autour de son nom. Il n'a été rompu que de nos jours par MM. Estancelin, Vitet et Margry. Serons-nous plus heureux que nos prédécesseurs, et réussirons-nous non pas à modifier une opinion préconçue, mais à établir que, très probablement, c'est à un Français que revient l'honneur d'avoir, le premier dans les temps modernes, mis le pied sur le sol américain?

La meilleure preuve de la probabilité du voyage de Cousin c'est le grand nombre des expéditions maritimes entreprises par les Dieppois et les Normands, dès les premières années du seizième siècle, dans la direction du Brésil. Ces expéditions sont fréquentes et presque régulières. Elles dénotent de la part de ceux qui s'y risquaient une connaissance réelle du pays où ils s'engageaient. Cousin avait tracé la voie : ses compatriotes la suivirent avec ardeur. De 1488 à 1555, c'est-à-dire depuis l'expédition de Cousin jusqu'à la tentative de colonisation

disait encore BERGERON dans *son Histoire de la navigation*, p. 107. « Toutes fois nos Normands et Bretons maintiennent les premiers avoir trouvé ces terres-là, et que de toute ancienneté ils ont trafiqué avec les sauvages du Brésil au lieu dit depuis Port-Real, mais faute d'avoir gardé par écrit la mémoire de cela, tout s'est mis en oubli. »

ordonnée par l'amiral de Coligny, les voyages des Français au Brésil se succédèrent tantôt heureux, tantôt marqués par de dramatiques péripéties. Leur souvenir s'est pourtant conservé à grand'peine, moins encore dans les relations françaises que par le témoignage des étrangers, Portugais, Italiens, Allemands même. Peut-être ne sera-t-il pas sans intérêt d'en rechercher la trace à travers les documents contemporains, et d'essayer de reconstituer une période trop délaissée de notre histoire nationale.

II. — VOYAGES CLANDESTINS.

Il peut sembler étrange au premier abord que nos historiens du seizième siècle se soient montrés si peu soucieux de transmettre à la postérité le souvenir de ces aventureux voyages au nouveau monde; mais le commerce et la navigation tenaient alors une place bien secondaire dans la politique. C'était sur le continent et jamais sur mer que se décidaient tous les conflits internationaux. Nos souverains, qui luttaient avec peine et contre leurs propres sujets, et contre l'Anglais ou l'Allemand, s'étaient complètement désintéressés des questions d'outre-mer. Leur juridiction et leur protection ne s'étendaient pas au-delà des côtes. L'Océan était un domaine ouvert à tous, mais celui qui s'y aventurait le faisait à ses risques et périls. Dès lors on excuse l'indifférence systématique de nos historiens : l'écho de ces courses lointaines ne parvenait même pas à leurs oreilles. Uniquement préoccupés des faits et gestes de nos souverains, de leurs batailles ou de leurs négociations, ils se souciaient vraiment bien peu de tel voyage entrepris par un obscur négociant ou de telle découverte qui n'agrandissait pas le domaine immédiat de la couronne!

A défaut du témoignage des écrivains contemporains, nos voyageurs et nos négociants auraient au moins dû, semble-t-il, consigner dans des journaux de bord ou dans des relations spéciales le souvenir de leurs découvertes. Ils ne l'ont pas fait, mais leur silence était prémédité. Le 14 mai 1494 le pape Alexandre VI Borgia avait, par une bulle célèbre, partagé les continents nouveaux entre les deux couronnes de Portugal et d'Espagne. Au delà d'une ligne tracée d'un pôle à l'autre et passant à cent lieues à l'ouest des Açores, toutes les terres étaient concédées à la couronne d'Espagne. En deçà de cette même ligne le Portugal était considéré comme le légitime possesseur des îles et des continents. Il était interdit à tout autre peuple non seulement de s'établir mais encore d'entreprendre un voyage dans les pays ainsi délimités sans en demander l'autorisation à l'une ou à l'autre des deux cours privilégiées (1). Le roi François Ier demanda

(1) De nostra mera liberalitate et ex certa scientia ac de Apos-

bien un jour, non sans malice, qu'on lui montrât l'article du testament d'Adam, qui léguait le nouveau monde à ses bons cousins d'Espagne et de Portugal, et, sans plus se soucier de la défense pontificale, envoya coup sur coup plusieurs expéditions en Amérique. Les rois d'Angleterre de leur côté ne prirent même pas la précaution de protester contre les prétentions du Saint-Siège, et dirigèrent vers les terres nouvelles de nombreux découvreurs : mais la liberté que se donnèrent les rois de France ou d'Angleterre était interdite à de simples armateurs. Le fisc espagnol ou portugais surveillait attentivement tous les navires, de quelque provenance qu'ils fussent, et malheur à l'imprudent étranger qui se laissait surprendre! Il était considéré comme pirate et traité sans pitié. Les Portugais surtout soutenaient leurs prétendus droits avec une âpreté ex-

tolicæ postestatis plenitudine omnes insulas et terras firmas inventas et inveniendas, detectas ac detegendas versus occidentem et meridiem, fabricando et construendo unam lineam a polo artico scilicet septentrione ad polum antarcticum scilicet meridiem, quæ linea distet a qualibet insularum quæ vulgariter nuncupantur de les Açores et Cabo Verde centum leucis versus occidentem et meridem, auctoritate omnipotentis Dei nobis in beato Petro concessa ac vicariatus Jesu-Christi quo fungimur in terris, cum omnibus illorum dominiis, civitatibus, castris, locis et villis, juribusque et jurisdictionibus ac pertinentiis universis, vobis hœredibusque et successoribus vestris Castellæ et Legionis regibus in perpetuum tenore præsentiarum donamus, concedimus et assignamus, etc. Cité par d'Avezac, *Iles de l'Afrique*, p. 2.

traordinaire. Mais ces prohibitions, au lieu de les comprimer, surexcitaient les convoitises; car, s'il est dans la nature humaine de résister à toute tyrannie, la tyrannie commerciale plus que toute autre inspire une profonde répugnance. Aussi une vaste contrebande s'était-elle organisée, dans laquelle nos Normands, avec leur caractère audacieux et entreprenant, rencontrèrent peu de rivaux, et, à côté des voyages officiels, commencèrent les voyages clandestins.

Le nombre de ces expéditions anonymes fut considérable. En 1858, M. de Castelnau (1), un de nos plus éminents voyageurs, trouvait entre les mains d'un négociant de Salem, dans le Massachusetts, une carte manuscrite des terres polaires visitées depuis longues années par les navires de ce négociant, et qui n'ont été définitivement décrites et gravées que depuis peu, après les célèbres voyages de Kane ou de Nares. Or, si le désir de conserver un monopole commercial empêche de donner l'indication même de régions pauvres et stériles, et cela à une époque où nul ne conteste plus le principe de la liberté des mers, on comprend pourquoi nos marins du seizième siècle se sont bien gardé d'annoncer bruyamment leurs découvertes, retenus qu'ils étaient par la certitude d'être les seuls à faire des gains énormes dans des pays

(1) De Castelnau, *Voyage dans l'Amérique du Sud*, t. IV, p. 259.

encore inexploités et d'une richesse merveilleuse, et arrêtés par la crainte d'être poursuivis comme contrebandiers. Comme le remarque avec autant d'éloquence que de perspicacité notre grand historien Michelet (1), « une maladie terrible avait éclaté au quinzième siècle, la faim, la soif de l'or, le besoin absolu de l'or. Peuples et rois, tous pleuraient pour de l'or. Il n'y avait plus aucun moyen d'équilibrer les recettes et les dépenses. Fausse monnaie, cruels procès et guerres atroces, on employait tout, mais point d'or. Les alchimistes en promettaient, et on allait en faire dans peu, mais il fallait attendre. Les peuples, maigres et sucés jusqu'à l'os, demandaient, imploraient un miracle qui ferait venir l'or du siècle. » Le miracle s'opéra : les mines américaines furent découvertes, et les inépuisables richesses d'un sol vierge se déversèrent en Europe. Aussitôt tout le monde se précipita vers les heureuses régions qui recélaient dans leurs flancs tant de trésors. Combien d'ambitions excitées et de convoitises allumées, et, par conséquent, que d'aventures tentées et de voyages entrepris dès la fin du quinzième siècle, dont nous ne savons plus rien ! Dès l'année 1501, Alonzo (2) de Hojeda, nommé gouverneur d'une partie du Venezuela, constatait la

(1) Michelet, *La Mer*, p. 278.

(2) Navarrette, *Collecion de viajes y descubrimientos que hicieron por mar los Españoles*, t. III, p. 41, Lo cierto, es que Hojeda, en su primer viage, hallo à ciertos Ingleses por immediaciones de Coquibacoa. cf. p. 86, 88, 543, 545.

présence d'Anglais établis sur la partie occidentale de la côte depuis quelques années. Balboa (1), dans un fameux voyage à travers l'Amérique Centrale, signalait aussi des incursions antérieures faites par des capitaines, dont on ne connaissait pas la nationalité. Ainsi agirent nos compatriotes. Ils quittaient mystérieusement la France, après avoir confié à quelque affidé le secret de l'entreprise, évitaient avec soin toute rencontre fâcheuse sur l'Océan et débarquaient en cachette dans quelque anse ignorée, au besoin sur quelque île voisine du rivage, où ils disposaient leurs comptoirs d'échange, et ébauchaient quelques grossiers retranchements. Avec autant de précautions que les Phéniciens ou les Carthaginois quand ils eurent à lutter contre la concurrence grecque ou romaine, ils abordaient les terres, dont leur rivaux leur interdisaient l'approche. Comme ils connaissaient le prix du silence, ils ne consentaient à le rompre qu'en faveur de leurs amis. De la sorte s'explique, par l'indifférence des historiens officiels et l'abstention volontaire de nos marins, l'absence de renseignements précis sur nos navigations au Brésil dans la période que nous étudions.

Ces expéditions ont pourtant été faites; elles ont même été fort nombreuses et presque régulières. En 1503, lorsque le capitaine Paulmier de Gonneville, dont nous raconterons bientôt le voyage à travers

(1) Navarrette, *ibid.*, p. 367, 379, 380.

l'Atlantique et sur les côtes brésiliennes, débarqua pour la seconde fois sur le continent américain, il remarqua, non sans étonnement, que les indigènes ne paraissaient nullement surpris de sa présence. Ils connaissaient l'usage des divers instruments qui garnissaient le navire; ils n'ignoraient même pas les redoutables effets de l'artillerie; enfin, comme le constate Gonneville, ils avaient déjà vu des Européens, et avaient échangé contre les objets qui excitaient leur curiosité ou leur admiration les diverses productions de leur sol « comme estoit apparent par les denrées de chrestienté que les dits Indiens avoyent (1) ». Rien ne prouve, il est vrai, que ces Européens fussent des Français, mais rien non plus ne prouve le contraire; et, comme les Portugais avouent qu'ils n'ont reconnu le Brésil qu'en 1500 avec Alvarès Cabral, et qu'ils n'en ont pris réellement possession que quelques années plus tard avec Christoforo Jaquez, Alfonso Souza et plusieurs autres, il est probable que c'étaient des compatriotes de Gonneville qui avant lui, avaient ouvert des relations avec ces indigènes brésiliens.

Aussi bien un autre passage (2) de la relation de Gonneville est plus explicite encore : « Or passez le tropique Capricorne, écrivait-il, hauteur prinse, treuverent estre plus esloignez de l'Affrique que du pays

(1) *Nouvelles annales des voyages*, juillet 1869. D'AVEZAC. *Mémoire sur Gonneville*.
(2) ID., *ibid*.

des Indes Occidentales, *où d'empuis aucunes années ença* les Dieppois et les Malouins et autres Normands vont quérir du bois à teindre en rouge, coton, guenons, et perroquets et autres denrées. » Assurément l'expression géographique d'Indes Occidentales manque de précision, et s'applique tout aussi bien à l'Amérique du Nord qu'à celle du Midi, mais ce n'est que dans l'Amérique du Midi et spécialement dans le Brésil qu'on trouvait alors des bois de teinture, des guenons et des perroquets. Les Français voyageaient donc au Brésil plusieurs années avant Gonneville, et déjà même il existait des relations suivies entre les deux régions, puisque un commerce régulier s'était établi. Ce sont justement des Normands et des Bretons, c'est-à-dire ceux de nos compatriotes qui avaient dû être les premiers informés de la découverte de Jean Cousin, qui s'élançaient sur ses traces, et exploitaient les richesses encore inconnues de la région. Nous ne pouvons, il est vrai, préciser aucune date, ni désigner aucun nom, mais la réalité historique de ces voyages nous semble indiscutable, et nous nous associerons de tout cœur à la fière protestation de la Popellinière qui, frappé de l'insouciance des Français en matière de navigation, revendiquait hautement pour les siens l'honneur d'avoir précédé tous les autres peuples de l'Europe dans la découverte du Brésil (1). « Les Français, toutefois, Normands surtout et les Bretons

(1) LA POPELLINIÈRE, *Les Trois Mondes*, liv. III, p. 21.

maintiennent avoir premiers découvert ces terres et d'ancienneté trafiqué avec les sauvages du Brésil contre la rivière de Saint-François, au lieu qu'on a despuis appelé Port-Real. Mais comme en autres choses, mal advisez en cela, ils n'ont eu ny l'esprit ny discrétion de laisser un seul escrit public pour asseurance de leurs desseins... tellement que le Portugais se veut attribuer l'advantage d'en estre paisible seigneur par le moyen de Pedralvarez, lequel, pour laisser avant que partir nom éternel à ceste belle province, fit hausser... une croix beniste avec toutes les solennités qu'y peurent pratiquer les prestres qu'il y avait menez, la nomment aussi terre de Sainte-Croix. Les Français seuls l'ont nommée terre du Bresil par ignorance de ce que dessus, et qu'ils y ont trouvé ce bois à commandement, encore qu'il n'y soit qu'en une contrée, laquelle mesme en porte assez d'autres. »

Ce passage, bien qu'il soit l'écho d'une tradition perdue par notre négligence, ne suffirait pas pour appuyer nos prétentions nationales, car l'auteur des *Trois Mondes* ne cite pas ses autorités, et les procédés actuels de la critique historique répudient un pareil genre de preuves : mais cette justice, que nos compatriotes se refusent à eux-mêmes, les étrangers plus impartiaux ou plus soucieux de la vérité n'hésitent pas à la leur rendre. On conserve à la bibliothèque (1)

(1) HUMBOLDT, dans son *Histoire de la géographie du nouveau continent* (t. V, p. 239-258), et TERNAUX COMPANS dans les *Nouvelles Annales des Voyages* (1840, t. II, p. 306-309) en

de Dresde un opuscule intitulé : *Copia des Newen Zeytung auss Pressilig Land.* C'est la version allemande, d'après un original qui paraît portugais, d'un fragment de lettre relatif à un navire arrivé du Brésil le 12 octobre précédent. Comme la *Copia des Zeitung* ne porte ni désignation de date, ni nom d'auteur, ni lieu d'impression, il est impossible de préciser l'année à laquelle eut lieu le voyage. On sait seulement, d'après l'interprétation de certains passages, qu'il se fit dans les premières années du seizième siècle (1).

Ce document n'a pour nous d'importance que parce qu'il y est parlé des arrivages antérieurs et répétés, sur la côte brésilienne, de marins dépeints par les indigènes aux Portugais de telle façon qu'on ne peut méconnaître en eux des Français, et particulièrement des Normands. « Les habitants de cette côte, lisons-nous dans la *Copia* (2), rapportent que de temps en temps ils voient arriver d'autres navires, montés par des gens qui sont habillés comme nous; d'après ce que disent les indigènes, les Portugais jugent que ce sont des Français. Ils ont généralement la barbe rousse. » Les Portugais, rivaux et

ont donné la traduction française. L'original est cité par VARNHAGEN, *Historia geral do Brasil*, t. I, p. 435.

(1) D'AVEZAC, *Bulletin de la société de géographie*, 1857.

(2) Os moradores da costa disseram que, de quando em quando, ahi chegavam outros navios, cujas tripolações se vestiam como os nossos, e tinham quasi todos a barba ruiva. Os Portuguezes creem por estes signaes serem Francezes...

ennemis naturels de nos matelots, étaient les meilleurs juges de la question. S'ils croyaient que ces étrangers étaient des Français, il faut nous incliner devant leur perspicacité commerciale. Ils nous jalousaient ou plutôt nous détestaient, et, puisqu'ils se prononcent si nettement, leurs soupçons valent une certitude. Dès les premières années du seizième siècle et même dès la fin du quinzième, par conséquent dans les quinze années qui séparent l'expédition de Cousin et le voyage de Gonneville (1488-1503), nos compatriotes fréquentaient donc la côte brésilienne, et, malgré la jalousie ou les hostilités portugaises, ils n'ont plus cessé de la fréquenter.

A propos de l'authenticité de ces voyages, nous alléguerons une preuve qui, pour être philologique, n'en a pas moins sa grande valeur. Quand Alvarez Cabral découvrit le Brésil en 1500, il lui donna le nom de terre de Santa-Cruz, et cette dénomination officielle fut, pendant tout le seizième siècle, acceptée et répétée non pas seulement par les Portugais, mais encore par tous les cartographes de l'époque. Les Français au contraire n'ont jamais cessé de désigner ce pays sous le nom qui depuis a prévalu. Or que signifie le mot *Brésil?* Il a de tout temps été employé pour indiquer les bois de teinture de provenance exotique. En Italie, dès le douzième siècle, *bresill*, *brasilly*, *bresilzi*, *braxilis*, *brasile* étaient appliqués à un bois rouge propre à la teinture des laines et du coton. Muratori l'a prouvé en citant les tarifs de la douane de Ferrare en 1193, et ceux de Modène en 1306 (1). Marco Polo parle également du *berzi* « qu'ils ont en grant habondance, do meillor dou monde » (2). En Espagne le bois de teinture ou *brasil* fut introduit de 1221 à 1243 (3). En France nous lisons dans le *Livre des métiers*, rédigé sous le règne de saint Louis (4) : « Li barillier puvent fere baris de fus de tamarie et de *bresil* » et plus loin « nul tabletier ne puet mettre, avec buis nule autre manière de fust, qui ne soit plus chier que buis ; c'est à scavoir cadre, benus, *bresil* et cipres. » A la fin du même siècle le brésil est mentionné, comme article d'importation, dans les droitures, coustumes et appartenances de la visconté de l'eau de Rouen (5). En 1387 la coutume d'Harfleur élève les droits sur le *bresil* à quatre deniers et demi les cent livres (6). En 1396 les droits sur cette précieuse denrée étaient fixés pour Dieppe à « la carche de *bresil* VIII deniers, la balle III deniers » (7). Il est donc certain que

(1) Muratori, *Antiquités italiennes*, t. II, Dissertation XXX, p. 894-899.

(2) Marco Polo, t. I, § 99, édit. Société de géographie, 1824.

(3) Capmany, *Memorias sobre la antigua marina, comercio y artes de Barcelona*, t. II, p. 4, 17, 20.

(4) *Le Livre des métiers*, Collection des documents inédits de l'histoire de France, p. 104 et 177.

(5) Bibliothèque nationale, Ms. 1039-13.

(6) *Archives de la Seine-Inférieure*, Registre des *droits et coutumes de la prévôté d'Harfleur*.

(7) *Ibid.*, *Coutumes de Dieppe*, fol. 28ʳᵒ et 32ᵛ.

toute l'Europe occidentale pendant le moyen âge appelait brésil les bois de teinture. Par le plus curieux des hasards le nom de la production fut appliqué au pays producteur, et, comme on ne connaissait pas exactement la situation de ce pays, la terre du Brésil, au fur et à mesure des découvertes, voyagea, comme avaient voyagé dans l'antiquité l'Hespérie, le mont Atlas ou les colonnes d'Hercule. Le portulan Médicéen de 1351 dessine au milieu de l'Atlantique une insula de Brazi. La carte de Picignano en 1367 la conserve sous le nom d'insula de Bracir, et la carte catalane de 1375 sous celui d'insula de Brazil. Sur le portulan de Mecia de Viladestes (1413) nous trouvons à l'ouest de l'Irlande une insola de Brazil. Le portulan de la bibliothèque de Dijon, dont il est permis de fixer la date à l'année 1428, les cartes d'Andrea Brianco (1436) et de Fra Mauro (1457) l'enregistrent soigneusement. L'atlas d'Ortelius et celui de Mercator (1569) conservent encore ce nom, et le souvenir de cette île errante s'est conservé jusqu'à nos jours dans le Brasil Rock, rocher basaltique, que marquent les cartes anglaises et allemandes à quelques degrés à l'ouest de l'extrémité occidentale de l'Irlande.

A peine l'Amérique fut-elle découverte que les voyageurs ou plutôt les négociants s'imaginèrent qu'ils venaient de retrouver le pays originaire du bois de brésil. Pierre Martyr Anghiera (1) raconte que Co-

(1) P. MARTYR, *Oceanica*. Dec. I, liv. IV, p. 11. Sylvas im-

lomb, dans son second voyage, trouva à Haïti des forêts de ce bois que les Italiens nomment *verzino* et les Espagnols *brasile*. Dans le troisième voyage (1) il chargea sur la côte de Paria trois mille livres de brésil supérieur à celui d'Haïti. A mesure que les découvertes s'étendaient au sud du cap Saint-Augustin, le commerce de bois rouge était de plus en plus actif. Ainsi Amerigo Vespucci (2), dans sa quatrième expédition (1504), en prenait un chargement entier à la baie de tous les Saints. Dès 1516 le gouvernement espagnol défendait l'importation de tout brésil, qui ne proviendrait pas des Indes Occidentales appartenant aux domaines de Castille (3). On s'empressa de ne pas obéir à ces prescriptions intempestives, et plus que jamais les côtes de l'Amérique méridionale continuèrent à être exploitées, surtout à cause de leurs bois de teinture. Aussi l'usage prévalut-il peu à peu de les désigner sous le nom de cette précieuse denrée, et c'est ainsi qu'à la dénomination de *Terra de Santa Cruz* imposée par Cabral se substitua celle de *Terra de Brasil*, « changement inspiré par le démon, écrit avec une

mensas, quæ arbores nullas nutriebant alias præterquam coccineas, quarum lignum mercatores Itali verzinum. Hispani brazilum appellant.

(1) *Ibid.*, liv. IX, p. 21.

(2) In eo portu bresilico puppes nostras onustas efficiendo quinque perstitimus mensibus.

(3) NAVARRETE, *Doc. Diplomat.*, t. II, p. 339. Ordenanzas hechas el 15 de junio 1516.

naïve terreur l'historien Barros (1), car le vil bois qui teint le drap en rouge ne vaut pas le sang versé pour notre salut ».

Bien des années avant que l'orgueil portugais se fût abaissé à accepter une dénomination consacrée par l'usage, ou que les autres peuples de l'Europe se fussent conformés à cette appellation, nos compatriotes ne nommaient jamais que terre du Brésil le pays où ils trouvaient le brésil. Nous en avons la preuve dans la relation du voyage de Gonneville. Presque à chaque page il emploie le mot Brésil. Il cite même le cap Saint-Augustin, que venait à peine d'entrevoir ou de retrouver Amerigo Vespucci. « Dempuis après, lisons-nous dans le procès-verbal de retour, le *Brésil connu*, firent une traversée de plus de huit cens legues sans ver auchune terre avec la plus mauvaise aise du monde, toujours demenés par la pluie, la tempeste dans de grandes tenebres... et furent forcés de doubler le *chapo d'Augoustin* » (2). Que signifient ces mots de Brésil et de chapo d'Augoustin, employés par Gonneville dans la relation d'un voyage entrepris en 1503, par conséquent bien avant que les Portugais eussent changé la dénomination officielle de terre de Santa-Cruz, si ce n'est que la région décrite par l'intrépide marin était depuis longtemps visitée par les Français, et qu'ils

(1) Barros, *Asia*, Dec. I, liv. V, § 53.
(2) *Nouvelles Annales des voyages*, ouv. cit.

connaissaient, même dans ses particularités physiques, le pays qu'ils désignaient par le nom même de sa principale production? Nous avons donc le droit d'affirmer que ce sont les Français qui ont donné au Brésil le nom qui ne lui fut définitivement attribué que plus tard.

Ce qui prouverait encore la réalité de ces voyages ou clandestins ou ignorés, c'est le grand nombre des mots brésiliens qui ont passé directement dans notre vocabulaire. Dans tous les autres pays américains, où nous avons été précédés par un autre peuple européen, par les Espagnols par exemple, nous avons toujours désigné les productions du Nouveau-Monde par le nom que leur donnaient les Espagnols. Nous reconnaissions par cela même que nous n'avions pas été les premiers à découvrir ces contrées. Dans le Brésil, au contraire, nous n'avons emprunté ni aux Espagnols, ni aux Portugais, ni à personne les dénominations locales : c'est aux indigènes eux-mêmes que nous avons demandé les noms du *tapir,* du *sagouin*, de *l'ara*, du *toucan*, de l'*acajou*, de l'*anana*, du *manioc*, et de cent autres animaux ou productions qui sont passés directement dans notre langue. N'est-ce pas la meilleure preuve que, dès l'origine, nos négociants ont été en contact direct avec les tribus brésiliennes? Si les Portugais ou tout autre peuple avaient occupé, avant eux, cette belle région, nous n'aurions pu que traduire en français leur traduction du brésilien, et le mot indigène eût été à peu près méconnaissable, tandis que, les empruntant de première main aux Brésiliens nos alliés, nous n'avons eu qu'à les habiller à la française pour leur donner tout de suite droit de cité.

De tout ceci ne résulte-t-il pas que, pour ne pas avoir laissé de traces authentiques dans l'histoire, les voyages de nos compatriotes au Brésil, de 1489 à 1503, n'en sont pas moins plus que vraisemblables ?

III. — VOYAGE DE GONNEVILLE.

En 1503, le capitaine Paulmier de Gonneville, dont nous avons déjà cité le nom, accomplit au Brésil le premier des voyages par ordre chronologique, dont nous ayons la preuve officielle. Ce vaillant capitaine serait parti de Honfleur en juin 1503, aurait touché successivement à Lisbonne, aux Canaries, aux îles du Cap-Vert et au Brésil; mais, après avoir doublé le cap Saint-Augustin, il se trouvait à la hauteur du cap des Tourmentes, quand il fut battu plusieurs semaines par une tempête qui le jeta, lui et ses compagnons, sur un continent inconnu, où ils séjournèrent six mois environ. En 1662, un des descendants du capitaine, issu du mariage d'une de ses parentes (1) avec un des sauvages qu'il

(1) On a prétendu que ce jeune sauvage, Essomeric, avait épousé la fille de Gonneville, Suzanne. C'est une erreur. Il suffit pour

avait ramenés avec lui, l'abbé Binot Paulmier de Courtonne, qui désirait fonder une mission dans les terres australes, publia la première relation du voyage de son ancêtre dans ses *Mémoires* (1) *touchant l'établissement d'une mission chrestienne dans le troisième monde, autrement appellé la terre australe, méridionale, antartique et inconnue. Dédiez à Notre S. Père le pape Alexandre VII par un ecclésiastique originaire de ceste mesme terre.* L'abbé Paulmier de Courtonne prétendait dans son mémoire, qu'appuyèrent saint Vincent de Paul et les évêques destinés aux premières missions de l'Extrême-Orient, que le continent découvert par son ancêtre était l'Australie. Comme les preuves qu'il alléguait semblaient vraisemblables, et que d'un autre côté cette prétention flattait l'amour-propre national, on accepta son affirmation sans la discuter. Avec le temps, cette opinion s'accrédita. Flacourt (2), un des premiers marins qui plantèrent à Madagascar le drapeau de

s'en convaincre de reproduire ce passage du livre composé par l'abbé Paulmier de Gonneville en 1663 : « Et pour s'acquitter de ce que la raison l'obligeoit de faire, en faveur de celuy qu'il avoit artificieusement transporté du milieu des Austraux en des lieux étrangers, il lui procura quelques médiocres avantages, et un mariage qui le rendoit son allié, et dont sortirent plusieurs enfants, l'un desquels a esté mon ayeul paternel. »

(1) A Paris chez Claude Cramoisy, rue Saint-Victor, proche la place Maubert, au sacrifice d'Abel, M D C L XII, avec privilège du roy.

(2) De Flacourt, *Histoire de la grande isle Madagascar.*

la France, n'hésitait pas à proclamer que le continent entrevu par Gonneville ne pouvait être que l'Australie. Le président de Brosses (1), dans sa fameuse *Histoire des terres australes*, plaçait ce continent sous les Moluques, dans ce qu'on appelait de son temps l'Australasie. En 1832, M. Estancelin (2), l'ingénieux et savant auteur des *Recherches sur la navigation des Normands*, réclamait encore pour son compatriote l'honneur de cette découverte. On avait pourtant remarqué qu'il était à peu près impossible de déterminer la situation précise de cette contrée; on s'étonnait de ce que les naturels, dont Gonneville avait retracé les mœurs, ressemblassent si peu aux indigènes australiens; on trouvait également que les diverses étapes du voyage ne concordaient pas avec les distances parcourues. De plus, en 1738, Bouvet (3) de Lozier, chargé par la Compagnie des Indes de trouver un point de relâche dans les parages que Gonneville passait pour avoir sillonné le premier, ne rencontrait que la terre de la Circoncision, au milieu des glaces. En 1770, après la perte du Canada, de la Louisiane et des Indes, quand la France cherchait une compensation à ses pertes, le

(1) De Brosses, *Histoire des terres australes*, t. I, p. 106-120.

(2) Estancelin, *Recherches sur les voyages et découvertes des navigateurs normands*, p. 165.

(3) Margry, *Les Navigations françaises du quatorzième au seizième siècle*, p. 151, 152.

capitaine Kerguelen de Tremarec (1) reçut la mission officielle de retrouver cette terre de Gonneville, placée, croyait-on, sur le chemin des Indes, mais il se heurta à des glaces flottantes et dut renoncer à son projet. Ce double insuccès avait ébranlé les théories de l'abbé Paulmier. Pourtant, à l'exception d'un certain Bénard de la Harpe, qui croyait que la terre de Gonneville correspondait aux côtes de Virginie, savants et marins s'obstinaient à chercher ce continent mystérieux à l'est du cap de Bonne-Espérance, dans l'océan Indien ou dans la mer Pacifique. Les uns s'en tenaient à l'opinion commune; les autres désignaient Madagascar. Cette opinion, émise pour la première fois par le capitaine de Kerguelen, fut reproduite par Eyriès dans son *Histoire des Voyages*, et par Léon Guérin dans son *Histoire des marins français* (2). En 1860 le baron Baude (3), dans un article de la *Revue des Deux Mondes*, se rangeait encore à cette hypothèse. Les uns et les autres se trompaient pourtant : c'était à l'ouest et non pas à l'est du cap de Bonne-Espérance, sur l'océan Atlantique par conséquent et non pas sur la mer des Indes ou le grand Océan, qu'avait voyagé Gonneville, et le hardi marin avait entrevu non

(1) De Kerguelen, *Relation de deux voyages dans les mers australes et des Indes, faits de* 1771 *à* 1774.

(2) L. Guérin, *Histoire des marins français.*

(3) Baude, *Le Golfe intérieur de la Seine, Revue des Deux-Mondes*, 15 août 1860.

pas l'Australie ou Madagascar, mais bien le Brésil.

Voici comment on est arrivé à résoudre ce problème géographique. L'abbé Paulmier de Gonneville avait bien eu entre les mains la relation authentique de l'expédition de son aïeul, mais sa copie est non seulement fautive, mais encore infidèle, peut-être de parti pris, et tous les auteurs qui après lui ont traité la question n'ont jamais reproduit que ce texte controuvé. Bouvet (1) de Lozier avait déjà soupçonné que ce texte présentait des lacunes et des erreurs; il aurait voulu consulter le document original, mais on lui répondit de Honfleur que les registres de l'amirauté étaient incomplets. Le comte de Caylus et l'Académie des inscriptions et belles-lettres, Fréret en tête, se préoccupèrent également de retrouver la relation authentique, mais ces recherches furent aussi inutiles que les précédentes. M. Estancelin crut être plus heureux en s'adressant aux bureaux du ministère de la marine, mais son espoir fut encore déçu. En 1847 seulement, M. P. Margry, archiviste de la marine, eut l'heureuse chance de retrouver dans le dépôt confié à sa garde la copie entière du procès-verbal de retour du 19 juillet 1505. Cette copie avait été envoyée après le retour de Kerguelen au ministre de la marine, Sartines, par un des descendants de Gonneville, qui revendiquait pour son ancêtre l'honneur de ses actes. Elle pré-

(1) Margry, ouv. cit., p. 156.

sentait avec la version de l'abbé Paulmier de notables différences qui permirent au savant géographe d'Avezac, et après lui, à M. Margry (1) de démontrer que Gonneville avait débarqué non pas en Australie mais bien au Brésil (2). En 1869 (3) M. d'Avezac compléta la démonstration en publiant la relation originale qui avait enfin été retrouvée par M. Paul Lacroix, conservateur de la Bibliothèque de l'Arsenal. Ce savant avait remarqué, en rédigeant un catalogue résumé des manuscrits du marquis de Paulmy, une plaquette de douze feuillets in-quarto (cotée H F. 24 *ter*), dont il prit copie, et qu'il communiqua à M. d'Avezac. Ce dernier en reconnut tout de suite l'importance capitale, et s'empressa de la publier en lui restituant son vrai titre : *Déclaration du voyage du capitaine Gonneville et ses compagnons ès Indes, et remerches faites audit veyage baillées vers justice par il capitaine et ses dits compagnons iouste qu'ont requis les gens du Roy nostre sire, et qu'entoint leur a esté*. Grâce à ces deux pièces d'une authenticité incontestable, il nous sera facile de détruire une er-

(1) D'Avezac préparait en 1857, pour la Société de géographie de Paris, une analyse de l'*Histoire du Brésil* par Varnhagen. Ce fut alors que Mr Margry lui communiqua la pièce découverte par lui dix ans auparavant. Cette pièce n'a été publiée par Mr Margry qu'en 1867, par conséquent après la démonstration faite par d'Avezac que le pays visité par Gonneville était le Brésil et non pas l'Australie.

(2) Margry, ouv. cit., § 111, p. 135-181.

(3) D'Avezac, *Nouvelles Annales des voyages*, juillet 1869.

reur trop longtemps accréditée, et de prouver, après MM. d'Avezac et Margry, que Gonneville n'a pas découvert l'Australie, mais simplement qu'il a continué l'œuvre de Jean Cousin, et débarqué au Brésil après de longues courses sur l'Atlantique.

Paulmier de Gonneville et deux de ses amis, Jean l'Anglois et Pierre le Carpentier, fiers et hardis compagnons, habitués comme tous leurs compatriotes aux courses lointaines et aux expéditions lucratives, n'avaient pas vu sans un secret dépit les négociants portugais décharger sur les quais de Honfleur « les belles richesses d'épiceries et autres raretez venant en icelle cité de par les navires portugalloises allant ès Indes Orientales empuis aucunes années decouvertes ». Ils résolurent de tenter la fortune dans ces contrées encore inconnues, dont on racontait tant de merveilles. Comme ils n'avaient pas à compter sur les secours du gouvernement, et qu'il leur fallait au contraire garder le secret pour ne pas éveiller les soupçons des deux puissances qui s'étaient attribué l'exploitation exclusive des terres nouvelles, ils ne cherchèrent pas à étendre leur entreprise en dehors de leur ville natale. Ils s'adressèrent seulement à deux Portugais, Bastiam Moura et Diego Cohinto, que les hasards de leur existence avaient conduits à Honfleur, et les enga-

(1) D'Avezac, ouv. cit.

gèrent comme pilotes. Il est probable qu'ils achetèrent chèrement leurs services, car ces deux étrangers jouaient gros jeu en consentant à guider des Français dans des mers que leur souverain considérait comme siennes. Quelques bourgeois de la ville, entraînés par leur exemple, et séduits par la perspective d'un gain probable, s'associèrent à leur entreprise, et contribuèrent à l'achat et à l'armement d'un navire de cent vingt tonneaux, auquel ils donnèrent un nom de bon augure, l'*Espoir*. Ils se nommaient Etienne et Antoine Théry, Andrieu de la Mare, Batiste Bourgeoz, Thomas Atinal et Jean Canev.

Il faut lire dans la *Déclaration du voyage* la curieuse énumération des armes et des munitions de guerre, du matériel naval de rechange, des approvisionnements et des marchandises qu'on entasse à fond de cale. C'est l'unique moyen non seulement de se rendre compte des conditions d'un voyage au long cours au commencement du seizième siècle, mais encore de savoir quels étaient à cette époque les principaux articles d'exportation destinés aux terres nouvelles. La liste des marchandises nous intéressera tout particulièrement, car dès lors nous les retrouverons sur tous les navires envoyés par nos compatriotes du Brésil. Trois cents pièces de diverses toiles, quatre mille haches, bêches, serpes, coutres ou fourches, deux mille piques, cinquante douzaines de petits miroirs, et six quintaux de rassades de verre. On nommait ainsi des verroteries vénitiennes diversement colorées et percées au milieu, qu'on pouvait assembler en colliers ou en bracelets. Les miroirs et les rassades, dans la pensée des organisateurs de l'expédition, devaient concilier à nos marins les bonnes grâces des beautés indigènes, dont ils voudraient avoir pour amis les frères ou les maris. L'*Espoir* portait encore dans ses flancs huit quintaux de quincaillerie de Rouen, deux cent quarante douzaines de couteaux, et une balle d'épingles et d'aiguilles. On ne comprend guère l'utilité de ce dernier article pour un pays, dont les habitants portaient un costume si rudimentaire, mais, comme Gonneville et ses associés ne connaissaient encore que très imparfaitement leurs futurs clients, ne sont-ils pas excusables d'avoir supposé que ces clients pourraient avoir besoin d'épingles pour retenir, et d'aiguilles pour réparer leurs vêtements? Par une semblable ignorance des nécessités économiques s'explique la présence à bord de l'*Espoir* de vingt pièces de droguet, trente de futaines, quatre de drap écarlate, huit de draps divers, une de velours figuré, et de quelques robes brochées. Il est probable que cette partie de la cargaison ne dut pas être à Gonneville d'une grande utilité pour ses relations avec les Américains, mais ne perdons pas de vue qu'en partant de Honfleur il avait l'intention de débarquer aux Indes, et nullement sur le nouveau continent.

Soixante hommes (1), matelots, volontaires et officiers composaient l'équipage. Presque tous étaient originaires de Normandie. Le premier pilote se nommait Colin Vasseur, et le directeur général de l'expédition était Gonneville. Ses associés l'avaient choisi non pas seulement parce qu'il était intéressé directement, et sans doute pour une grosse part, à la réussite de l'entreprise, mais surtout parce qu'il s'était acquis une réputation légitime par son expérience nautique, et sa fermeté à toute épreuve.

L'ornement du navire, le recrutement de l'équipage et les derniers préparatifs de l'embarquement ne furent achevés qu'en juin 1503. Quand tout fut disposé, matelots et officiers vinrent, d'après un touchant usage, s'agenouiller ensemble au pied des autels. Ils reçurent les sacrements, et, après avoir appelé sur leur entreprise les bénédictions célestes, mirent à la voile le jour de Saint-Jean-Baptiste, le 24 juin 1503.

Les premiers jours de la navigation ne furent signalés par aucun incident notable. Le 12 juillet l'*Espoir* arrivait en vue des Canaries, le 30 il était au cap Vert. Dans les premiers jours d'avril il franchissait la ligne; mais à peine avait-il pénétré dans l'hémisphère austral que la chance tournait. Le scorbut se déclarait à bord. On ne résistait pas alors

(1) Voir la liste de bord dressée par D'Avezac (*Nouvelles Annales des voyages*, juillet 1869).

à cette terrible maladie. Le 12 septembre, six des compagnons de Gonneville avaient déjà succombé, Louis Le Carpentier, un des promoteurs de l'entreprise, Coste, un engagé volontaire que l'attrait de l'inconnu avait jeté dans l'entreprise, Pierre Estienne, Cardot Hascamps de Pont-Audemer, Marc Drugeon du Breuil, et Philippe Muris de Touques. Pendant plusieurs semaines Gonneville, malgré la maladie qui décimait les siens, continua résolument sa marche à travers l'Atlantique, sans autre rencontre que celle de varechs flottants. Il se croyait arrivé fort au-dessous du cap de Bonne-Espérance, tant à cause de la route parcourue que de la diminution très sensible de la température. On s'étonnera peut-être de le voir traverser l'Atlantique en ne suivant d'autre direction que celle du sud, et en évitant pour ainsi dire de parti pris le voisinage des terres ; mais il agissait ainsi, en premier lieu parce qu'il ne voulait pas naviguer dans des mers fréquentées par les flottes portugaises, et en second lieu parce qu'il était de tradition parmi ses compatriotes, depuis Descceliers et Jean Cousin, de toujours se diriger au sud jusqu'à la hauteur où l'on désirait aborder le continent africain ou le doubler. Vasco de Gama, dans ses fameuses *Instructions nautiques pour le voyage des Indes*, rédigées en 1500, avait expressément recommandé, une fois qu'on aurait dépassé l'île San Iago du cap Vert, de suivre cette direction. Ses instructions avaient été fort goûtées. Il est très probable que les deux Portugais qui servaient de guide à Gonneville les connaissaient : en tout cas ils se conduisirent comme d'après un plan arrêté. La rencontre de ces varechs flottants ainsi que l'abaissement de la température nous permettront d'avancer que l'*Espoir* était alors arrivé dans le voisinage de Tristan d'Acunha, très reconnaissable à la masse des goëmons flottants qui signalent son approche.

Nous avons jusqu'à présent suivi pas à pas, dans son voyage à travers l'Atlantique, le navire de Gonneville ; mais voici que la narration ne présente plus ni clarté ni précision. Des vents contraires s'élèvent tout à coup : « Si que par après de trois sepmaines n'avancèrent guères... et fut ledit malheur d'autres suivi, scavoir, de rudes tourmentes, si véhémentes que contraints furent laisser aller, par aucuns iours, au gré de la mer, à l'abandon, et perdirent leur route, dont estoient fort affligez, pour le besoin qu'ils avaient d'eaux et se rafraichir en terre. » Nous avouerons avec Gonneville qu'il est impossible de préciser la région de l'Atlantique où l'*Espoir* fut ainsi ballotté pendant plusieurs semaines jusqu'au 30 novembre. Nous lisons bien dans la relation le passage suivant : « Aussi estoient incommodez de pluyes puantes qui tachoient les habits : cheutes sur la chair, faisoient venir bibes et estoient fréquentes, » et nous savons d'un autre côté qu'en approchant des côtes méridionales du Brésil de pareilles pluies sont assez fréquentes (1), mais comme elles peuvent tomber sur un espace plus ou moins considérable, nous ne pouvons encore rien préciser.

A cette période de mauvais temps succédèrent quelques jours de calme : « Disent que la tourmente fut suivie d'aucuns calmes, si qu'avançoient-ils peu (2). » Ici nous serons plus affirmatifs. Cette alternative de violentes tempêtes et de calmes plats nous permettra d'indiquer approximativement la région de l'Atlantique dans laquelle ils se trouvaient. Nos marins lui donnent un nom familier : *Le Pot au noir*, c'est le *Doldrums* des Anglais, le *Cloud ring* de Maury, autrement dit l'anneau nébuleux de notre planète, oscillant au gré des saisons entre le nord et le sud, la région des calmes équatoriaux, des poissons volants et du scorbut. Elle est située entre le 35° et le 37° latitude sud, le 15° et le 2° longitude ouest de Paris.

Nous arrivons à un passage décisif qui a été singulièrement défiguré dans la version de l'abbé Binot

(1) Ainsi nous lisons dans la Relation d'un *Voyage fait au Brésil* par JEAN DE LÉRY (§ IV) : « La pluye qui tombe soubs etès environ de ceste ligne non seulement put et sent fort mal, mais aussi est si contagieuse que si elle tombe sur la chair, il s'y lève des pustules et grosses vessies. » Dans la première des lettres de NICOLAS BARRÉ (*Voyage au Brésil*), nous lisons encore : « les vents estoient ioincts avec pluye tant puante, que ceulx lesquels estoient mouillez de ladicte pluye, soubdain ils estoient couverts de grosses pustules. »

(2) D'AVEZAC, ouv. cit.

Paulmier. L'*Espoir*, on l'a vu, n'avait pas encore quitté l'Atlantique. Or l'abbé Binot Paulmier raconte *qu'après avoir doublé le cap de Bonne-Espérance* il fut assailli d'une furieuse tempête, qui lui fit perdre sa route, et subit plusieurs semaines de calme plat avant de rencontrer par hasard un continent inconnu. C'est uniquement sur ce passage qu'on s'appuyait pour établir que Gonneville, après avoir doublé le cap, avait découvert ou Madagascar ou plutôt l'Australie. Mais il n'y a rien de semblable ni dans le procès-verbal du retour, ni dans la déclaration de voyage : nous lisons en effet dans le premier de ces documents : « Estant à la hauteur du cap Tourmente, battus par furieux vent touiours excessif, sans remarcher aucune baie, ils furent abandonnés au calme d'une mer qu'ils ne connaissaient pas. » La Déclaration est d'accord avec le procès-verbal de retour : « Item disent que huit iours après la Toussaint virent flottants en mer de longs et gros roseaux avecques leurs racines, que les deux Portugallois disoient estre le signe du cap de Bonne-Espérance, qui leur fit grande ioie. » Suit le récit de la tempête qui les égare et des calmes plats qui leur font perdre un temps précieux, mais il n'est pas dit un mot qui indique que Gonneville ait doublé le cap. L'abbé Binot Paulmier avait pris sur lui d'avancer que son ancêtre avait doublé le cap, tandis que le Procès-verbal indiquait seulement que la tempête vint les battre à la hauteur de ce cap, et la Déclaration qu'ils approchèrent de la pointe méridionale de l'Afrique. Il est donc prouvé par ces deux textes indiscutables que l'*Espoir* n'est pas sorti de l'Atlantique, et dès lors ce n'est plus en Australie mais ailleurs, non plus à l'est mais bien à l'ouest qu'il faut chercher le continent inconnu.

Aussi bien un autre passage de la *Déclaration de voyage* nous démontrera jusqu'à l'évidence non seulement que l'abbé Binot Paulmier avait ou par ignorance ou de parti pris altéré le texte qu'il avait sous les yeux, mais encore que le continent découvert n'était que l'Amérique : « Dieu les réconforta, car ils commencèrent à voir plusieurs oiseaux venans et retournans du costé du zud ; ce qui leur fit penser que de là ils n'estoient esloignez de terre : pour quoy, *iacoit qu'aller là fust tourner le dos à l'Inde Orientale*, necessité ly fit tourner les vesles et le cinq ianvier descouvrirent une grande terre, qu'ils ne purent aborder que l'assoirant du lendemain. » L'*Espoir* a donc décidément tourné le dos à l'Inde Orientale, renoncé par conséquent à doubler le cap de Bonne-Espérance, et pris la direction de l'ouest, afin de rencontrer la terre dont le voisinage lui est annoncé par des bandes d'oiseaux : c'est ainsi que, le 5 janvier 1504, ils abordent en vue de la côté américaine, la seule qu'ils pouvaient rencontrer sur leur chemin dans cette direction, et qu'ils y débarquèrent le lendemain 6 janvier.

Cette partie du continent américain ne peut être

que le Brésil, et dans le Brésil nous nous prononcerons pour les provinces méridionales, car il est dit expressément qu'Essomericq, un des jeunes Indiens que Gonneville ramena en France, habitait un pays situé au delà du tropique austral. L'*Espoir* aborda probablement entre le 33° et le 23° de latitude sud, à cette partie de la côte brésilienne qui correspond aux provinces actuelles de São Paulo, Santa Catarina et Rio Grande do Sul. Après avoir reconnu le pays, nos Normands (1) arrivèrent dans un fleuve qui était « quasiment comme la rivière de l'Orne ». Il ne faudrait peut-être pas prendre à la lettre cette indication; nos compatriotes étaient hantés par les souvenirs du pays natal, et depuis plusieurs mois ils n'avaient pas vu la terre. Le premier pays où ils débarquèrent dut leur paraître délicieux, et leur rappeler la « tant doulce terre de France » : mais il est à peu près impossible de fixer la position de ce fleuve brésilien, dont les rives ombragées et la limpidité des eaux leur rappelaient l'Orne normande. Comme les provinces méridionales du Brésil, situées au sud du Tropique austral, sont coupées par de nombreux cours d'eau qui ne présentent aucune particularité géographique, et se ressemblent tous plus ou moins, l'Iguape, le Paranaga, l'Aranangua, la Mambituba, le Rio Grande do Sul etc; comme d'un autre côté le capitaine de Gonneville se contente

(1) D'Avezac, ouv. cit.

de mentionner cette vague ressemblance, et ne donne aucun autre détail, nous ne pouvons pas préciser l'endroit où débarquèrent nos compatriotes.

Nous savons seulement par d'autres témoignages contemporains que ceux des indigènes avec lesquels ils entrèrent en relations se nommaient les Carijos. Nos Français reçurent d'eux un accueil cordial, et en effet tous les voyageurs s'accordent dans leurs relations à vanter la douceur de caractère et les vertus hospitalières de ces Brésiliens. En plein dix-septième siècle, un écrivain portugais qui les fréquenta, Vasconcellos (1), disait encore de leurs descendants qu'il n'y avait pas dans toute la contrée de race meilleure — a melhor naçao do Brasil. — Voici comment en parle l'auteur de la *Déclaration de voyage*. « Estant les dits Indiens gens simples, ne demandant qu'à mener ioyeuse vie, sans grand travail, vivant de chasse et de pêche, et de ce que leur terre donne de soi, et d'aucunes légumages et rachynes qu'ils plantent, allant mi-nuds, les ieunes et communs spécialement. » Ce sont déjà les habitudes et le genre de vie que décrira si naïvement, un demi-siècle plus tard, à propos des Tupinambas voisins immédiats des Carijos, Jean de Léry, l'auteur de l'intéressante, *Relation d'un voyage faict au Bré-*

(1) VASCONCELLOS, *Chronica da companhia de Jesu do Estado do Brasil*, Lisbonne, 1663, liv. I, § 62.

sil (1). Il n'est pas jusqu'aux détails pittoresques du costume, qui ne présentent de singulières analogies. Nous lisons en effet dans la déclaration de Gonneville : (2) « Portent manteaux qui de nattes déliées, qui de peau, qui de plumasseries, comme sont en nos pays ceulx des Ægyptiens et Boëmes, fors qu'ils sont plus courts avec manière de tabliers ceints par dessus les hanches, allant iusques aux genouils aux hommes, et à my-iambes aux femmes ». La description de Léry est identique (3). Les hommes, continue Gonneville, portent longs cheveux battants avec un tour de plumasses hautes, vif teinctes et bien atournées ». — « Quant à l'ornement de tête de nos Tooupinambaoults, lisons-nous dans Léry, entre la couronne sur le devant et cheveux pendants sur le derrière, dont i'ay fait mention, ils lient et arrengent des plumes d'ailes d'oiseaux incarnates rouges et d'autres couleurs, desquelles ils font des fronteaux. »

Le pays était fertile et assez bien cultivé. Nos Normands, fatigués par la traversée, jouissaient

(1) Léry, *Relation d'un voyage au Brésil*, ch. 8 et 14. Nous aurons souvent occasion de citer ce rarissisime volume, dont une nouvelle édition, entreprise par nos soins, a paru en 1880 chez l'éditeur Lemerre.

(2) D'Avezac, ouv. cit.

(3) Léry, ouv. cit., § 8. — Cf. Soares, *Roteiro geral com largas informações de toda a costa do Brasil*, § 78, p. 89 « Costuma este gentio no inverno lançar sobre si umas pelles da caça que matam, uma por diante, outra por detraz. »

avec délices des beautés naturelles du sol et de la douceur du climat. Ils ne se lassaient pas de parcourir les grands bois, dont les paysages variés les charmaient. Ils observaient avec une curiosité émue les poissons, les oiseaux et les animaux, qui différaient si étrangement de ceux du pays natal. Les perroquets excitaient surtout leur admiration par la beauté de leur plumage et leur grand nombre. C'est là en effet un des traits caractéristiques de la faune brésilienne. Gabriel (1) de Souza, Gandavo, Ulrich Schmiedel, Jean de Léry, et tous les voyageurs portugais, allemands ou français qui ont décrit le Brésil aux premiers jours de sa découverte se sont extasiés sur le compte de ces oiseaux. Ils formèrent plus tard un des articles d'exportation les plus recherchés en France. Aussi les compagnons de Gonneville avaient-ils dans leur naïf étonnement donné à la région le nom de Terre des Perroquets, qui fut longtemps conservé sur les cartes. Ils s'étonnaient aussi du nombre prodigieux des coquillages, remarque que fera également Léry (2), et que confirment les observateurs contemporains (3). L'un des

(1) G. DE SOUZA, *Diario da navigação da armada que foi a terra do Brasil em* 1530; édit. Varnhagen. — DE GANDAVO. *Histoire de la province de Santa-Cruz*, édit. Ternaux-Compans — ULRICH SCHMIEDEL. *Histoire de son admirable navigation au Brésil et à la Plata de* 1534 *à* 1554; édit. Ternaux-Compans. — LÉRY, ouv. cit.

(2) LÉRY, ouv. cit., § 7.

(3) AGASSIZ, *Voyage au Brésil*, *Tour du monde*.

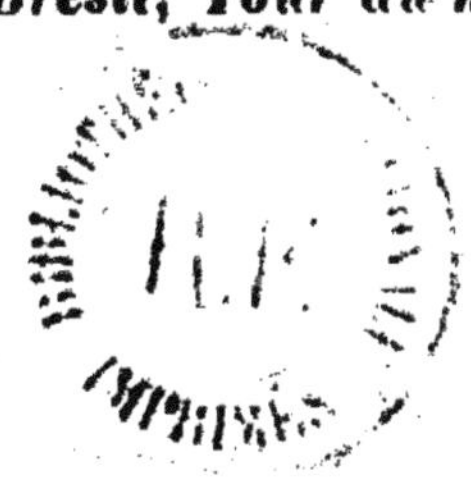

compagnons de Gonneville, Nicolas Lefebvre de Honfleur « qui estoit volontaire au viage, curieux, et personnage de sçavoir, auoit pourtrayé les façons ; ce qui a esté perdu, avec les iournaux du viage, lors du piratement de la navire, laquelle perte est à cause qu'icy sont maintes choses, et bonnes rechierches obmises. » (1) Jamais perte ne fut plus regrettable. Il est probable que Lefebvre avait accompagné ses dessins de notes explicatives, et, si le hasard nous les avait conservés, nous connaitrions dans leurs plus intimes détails les mœurs des indigènes visités par Gonneville (2).

Le pays, malgré sa fertilité, n'était pas très peuplé. Il n'existait pas, à proprement parler, de villes, mais plutôt des hameaux de trente à quatre-vingts cabanes « faictes en manière de halles, de pieux fichez, ioignants l'un l'autre, entreioints d'herbes et de fueilles, dont aussi lesdites cabanes sont couvertes, et y a pour cheminée un trou pour faire aller la fumée ; les portes sont de bastons proprement liées, et les ferment avec des clefs de bois quasiment, comme on fait en Normandie aux champs

(1) D'Avezac, *Nouvelles Annales des voyages*, ouv. cit.

(2) C'est ainsi que, grâce aux dessins de Jacques Lemoyne de Mourgues, qui accompagna Laudonnière dans son expédition de Floride en 1562, dessins qui ont été conservés par de Bry dans sa splendide collection des *Grands et des Petits Voyages*, nous pouvons étudier d'après nature les mœurs et les usages des Floridiens. Voir Paul Gaffarel, *Histoire de la Floride française*, passim.

les estables (1) ». Chacun de ces hameaux était gouverné par un roitelet, investi du pouvoir le plus absolu. On en eut une preuve dramatique. Un jeune Indien de dix-huit à vingt ans avait, dans un moment de colère, souffleté sa mère. Le roi l'apprit, et, malgré les supplications de la mère, malgré les demandes réitérées de nos compatriotes, ordonna que le coupable serait jeté à la rivière avec une pierre au cou. Un certain nombre de ces roitelets reconnaissaient l'autorité suprême de l'un d'entre eux, et se rangeaient sous ses ordres, surtout en temps de guerre. Le chef suprême de cette sorte de confédération se nommait Arosca. C'était un homme de soixante ans, « de grave maintien, moyenne stature, grosset et regard bontif ». Il avait tout de suite apprécié les avantages qu'il pourrait retirer d'une alliance étroite avec nos Français, et les comblait de prévenances et de bons traitements, espérant qu'ils voudraient bien le suivre dans quelque expédition contre les peuplades voisines, et lui assurer la victoire par la supériorité de leurs armes : « Eust bien eu envie qu'aucun de la navire l'eust accompagné avec bastons à feu et artillerie pour faire paour et desrouter les dits ennemis, mais on s'en excusa. » Gonneville agissait en ceci avec une prudence consommée : comme il voyait que le pays était riche, et qu'il avait l'intention d'y revenir, il

(1) D'Avezac, ouv. cit.

voulait garder entre tous ces principicules la plus stricte neutralité, afin de les avoir tous à sa dévotion, et d'exploiter à son aise les richesses du pays.

Les Indiens n'avaient sans doute pas encore vu d'Européens, car ils ne se lassaient d'admirer et le navire et les divers ustensiles qui le garnissaient. C'était pour eux un plaisir indicible que de se contempler dans un miroir, et ils cédaient volontiers ce qu'ils possédaient de plus précieux pour acquérir ce petit meuble de toilette. Comme ils avaient remarqué que nos compatriotes recherchaient avec empressement des peaux, des plumes et des bois de teinture, ils en portèrent au navire de grandes quantités, « si que des dites dansrées en fust amassé plus de cent quintaux qui en France auraient vallu bon prix. » Ils ne demandaient en échange que des couteaux, et autres menus objets de quincaillerie, dont l'*Espoir* était abondamment pourvu. Nos compatriotes ne cherchaient alors qu'à se faire bien venir d'eux, afin d'assurer leur relations futures : Aussi leur distribuaient-ils de petits cadeaux, peignes, verroteries et autres menus objets « si aimez que pour eux les Indiens se fussent volontiers mis en quartiers, leur apportant foison de chair et de poisson, fruits et vivres, et de ce qu'ils voyoient estre agreable aux chrestiens. »

Gonneville réussissait au delà de ses espérances. Il avait, il est vrai, renoncé à l'expédition projetée, et ce n'était pas aux Indes Orientales qu'il trouvait la fortune; mais ne valait-il pas mieux exploiter un sol vierge encore, entrer en relations avec des peuplades douces et bienveillantes, et surtout ne pas s'exposer à la rivalité commerciale des Portugais? N'était-ce pas comme une mine inépuisable qu'il venait de découvrir, et dont il comptait bien révéler le secret à ses compatriotes? Aussi était-il dans le ravissement. Afin de perpétuer le souvenir de sa découverte, et pour marquer par un signe matériel sa prise de possession, il fit construire par le charpentier de l'*Espoir* une croix en bois, haute de trente-cinq pieds, sur laquelle on grava d'un côté le nom du pape régnant Alexandre VI, et ceux du roi de France Louis XII, de l'amiral, du capitaine de Gonneville, et de tous les armateurs et matelots; de l'autre un distique latin, composé par Lefebvre (1), qui,

(1) Voici le distique, tel qu'il a été donné, mais inexactement, par de Brosses.

HIC sacra paLMarIVs posVIt gonIVILLa bInotVs,
GreX, socIVs, parIterqVe, VtraqVe progenies.

La véritable leçon est celle de la relation authentique (édition d'Avezac).

HIC sacra PaLMarIVs posVIt gonIVILLa bInotVs;
GreX soCIVs parIter neVstraqVe progenies :

C'est-à-dire : Cette croix a été ici plantée par Binot Paulmier de Gonneville, en compagnie des indigènes et de ses compagnons normands. On trouve dans ce distique un M, trois C, trois L, un X, sept V, neuf I, ce qui donne 1,000 + 300 +

6.

par l'ingénieuse combinaison des caractères, indiquait la date exacte du séjour des Français. Cette croix « fust planctée sur un tertre à veue de la mer, à belle et dévoste cérémonie, tambour et trompette sonnant à iour exprès choisy, scavoir le iour de la grande Pasques 1504, et fust la croix portée par le capitaine, et principaux de la navire, pieds nus, et aydoient le dit seigneur Arosca et ses enfants, et autres greigneurs Indiens qu'à ce on invita par honneur, et s'en monstroient ioyeux; suivoit l'équipage en armes, chantant la letanie, et un grand peuple d'Indiens de tout aage, qui de ce long temps devant on avait faict feste, coys, et moult intentifs au mistère. La dite croix planstée, furent faictes plusieurs descharges de scoppeterie et artillerie, festins et dons honnestes audit seigneur Arosca, et premiers Indiens; et pour le populaire il n'y eust cil à qui on ne fist quelque largesse de quelques mesnues babioles, de petits coust, mais d'eux prisées, le tout à ce que du fait il leur fust mémoire; leur donnant à entendre par signes et autrement, au moins mal qu'ils pouvoient, qu'ils eussent à bien conserver et honorer la dite croix. »

Il était temps de songer au retour. Tous ceux des matelots, qu'avait attaqués le scorbut, étaient alors en pleine santé. Le navire avait été radoubé. Il était

150 + 10 + 35 + 9 = 1504, date exacte de l'expédition. D'après le distique tel qu'il a été donné par de Brosses, on trouve huit V au lieu de sept, c'est-à-dire la date fausse de 1509.

chargé de bois précieux et des diverses denrées spéciales au pays. Les vivres étaient renouvelés. Ne valait-il pas mieux, plutôt que de prolonger le séjour du navire, mettre à la voile et faire part de la découverte aux amis de Normandie? Gonneville assembla donc ses officiers, et, d'un commun accord, le départ fut décidé.

C'était alors la coutume, toutes les fois qu'on touchait une terre étrangère, de ramener en France un ou plusieurs indigènes, preuve vivante du voyage. Gonneville se garda bien de négliger cet usage. Il eut même la bonne fortune de décider Arosca à lui confier un de ses six enfants, jeune homme d'une quinzaine d'années, nommé Essomericq, qui s'était signalé par sa curiosité et son ardent désir d'être initié aux usages européens. Essomericq et son père ne firent pour ainsi dire aucune résistance. Il suffit de leur promettre « qu'on (1) leur apprendroit l'artillerie, qu'ils souhaitoient grandement pour maîtriser leurs ennemis, comme astout à faire miroüers, cousteaux, haches, et tout ce qu'ils voyoient et admiraient aux chrestiens, qui estoit autant leur promettre que qui promettroit à un chrestien or, argent et pierreries, ou luy apprendre la pierre philosophale ». Pourtant Arosca ne voulut pas abandonner à des étrangers son jeune fils sans lui donner un compagnon ou

(1) D'AVEZAC, ouv. cit.

plutôt un défenseur. Il lui adjoignit un Indien de trente-cinq à quarante ans nommé Namoa. Gonneville lui promit de les ramener tous deux « dans vingt lunes de plus tard, car ainsi donnaient-ils entendre les mois (1) » ; mais il ne put tenir sa parole. Namoa fut attaqué par le scorbut à bord même de l'*Espoir*, et pendant le voyage de retour. On voulait le baptiser ; Nicole Lefebvre représenta que « ce seroit prophaner le baptême en vain, pour ce que ledit Namoa ne scavoit la croyance de nostre mère sainte Église, comme doivent scavoir ceux qui reçoivent le baptême, ayant aage de raison (2) ». On le crut sur parole, et on laissa le malheureux Indien périr sans les secours de la religion. Lefebvre se repentit bientôt de sa rigueur, et lorsque à son tour le jeune Essomericq subit les atteintes de la contagion, et parut à la veille de mourir, il lui administra lui-même le sacrement, et pria Gonneville, Antoine Thierry et Adrien de la Mare de lui servir de parrains. Essomericq reçut le nom de Binot, et « semble que ledit baptesme servit de médecine à l'âme et au corps parce que dempuis ledit Indien fut mieux, se guérit, et est maintenant en France ». Gonneville prit très au sérieux son titre de parrain. Comme l'*Espoir* fut pillé par des pirates avant de rentrer en France, et que les armateurs ne

(1) D'Avezac, ouv. cit.
(2) Id., *ibid.*

voulurent pas s'exposer à de nouvelles pertes, le capitaine ne put renvoyer son filleul à Arosca. Au moins s'efforça-t-il de lui faire oublier cet exil forcé. Il lui donna une bonne éducation, le maria en 1521 à une de ses parentes, Suzanne, et lui légua en mourant une partie de ses biens, à charge de porter lui et ses descendants mâles le nom et les armes (1) des Gonneville.

L'*Espoir* quitta les côtes brésiliennes le 3 juillet 1504, et chercha tout d'abord à gagner le large afin de dépasser le tropique et de couper la ligne; mais on ne connaissait pas encore les courants marins qui facilitent la navigation, et, au lieu de se laisser porter par ces fleuves océaniques, nos compatriotes luttaient contre la masse de leurs eaux. Aussi n'avançaient-ils que lentement. Le scorbut se déclara à bord du navire. Le chirurgien Jean Bicherel de Pont-l'Évesque, Jean Renoult soldat d'Honfleur, Stenot Vennier de Gonneville-sur-Honfleur, valet du capitaine et l'Indien Namoa périrent les uns après les autres. Le reste de l'équipage fut diversement atteint. Comme on manquait de vivres frais, et que le navire depuis son départ n'avait pas

(1) L'Abbé Paulmier de Courtonne, le rédacteur du mémoire adressé au pape Alexandre VII, était directement issu de ce mariage. On a prétendu qu'il se qualifiait de prêtre Indien, car il signait son mémoire prêtre *Ind.*; mais n'est-ce pas plutôt la formule d'humilité chrétienne, prêtre *Indigne*, dont se servaient les ecclésiastiques en s'adressant à leurs supérieurs?

encore réussi à s'élever au large du continent américain, Gonneville donna l'ordre de laisser arriver dans cette direction et de prendre terre de nouveau.

Le 10 octobre 1504 on arrivait en vue d'un pays montueux et couvert de forêts. Nos Français y débarquèrent. « Item (1) disent que là ils trouvèrent des Indiens rustres, nuds comme venant du ventre de la mère, hommes et femmes, bien peu y en ayant couvrant leur nature, se peinturant le corps, signamment de noir; lèvres trouées, les trous garnis de pierres verdes proprement polies et agencées, incises en maints endroits de la peau, par balafres, pour paroistres plus beaux fils, ébarbez, my-tondus. » L'auteur de la déclaration ne donne pas le nom de ces Indiens, mais les traits de sa description se rapportent de point en point aux indications de Lézy. C'est dans le pays des Tupinambas et des Margaïats, c'est-à-dire dans les provinces actuelles de Rio Janeiro, Espiritu Santo et Bahia que venaient de débarquer Gonneville et ses compagnons. Margaïats et Tupinambas étaient également nus (2); ils se teignaient le corps de genipat pour se donner un aspect farouche (3); « outre plus ils ont ceste cous-

(1) D'Avezac, ouv. cit.

(2) (3) Léry, ouv. cit., § VIII. C. f. Hans Staden, *Voyage au Brésil*, p. 268. — Gandavo, *Histoire de la province de Santa-Cruz*, p. 114. — D'Orbigny, *Voyage dans les deux Amériques*, p. 168. — Thevet, *Cosmographie universelle*, p. 931.

tume, que dès l'enfance de tous les garçons, la levre de dessous au-dessus du menton leur estant percée, ils enchâssent au pertuis de leurs lèvres une pierre verte (1) »; ils aimaient à se balafrer la figure et le corps; ils se rasaient seulement la moitié de la tête. Il n'y a donc pas d'hésitation possible, et c'est dans cette région sans qu'il soit possible de préciser davantage, que se trouvaient Gonneville et ses compagnons.

Ces indigènes, plus avancés que les Carijos, avaient déjà vu des Européens, « (2) comme estoit apparent par les denrées de chrestienté que lesdits Indiens avoyent. » L'aspect du navire ne les étonnait plus. Ils connaissaient l'usage de divers instruments ou ustensiles. Ils avaient même éprouvé les redoutables effets des armes à feu, dont ils avaient une grande terreur. Il paraîtrait même qu'ils avaient eu déjà à se plaindre des Européens, car non seulement ils n'allèrent pas à leur rencontre, mais encore, quand les Français cherchèrent à entrer en relations avec eux, ils les assaillirent à l'improviste, tuèrent Henri Jesanne, firent prisonniers, et entraînèrent dans les bois, où sans doute ils les dévorèrent, Jacques L'homme, dit la Fortune, et Colas Mancel, et blessèrent quatre autres personnes de l'équipage, parmi lesquels Lefebvre « qui par curiosité dont il

(1) Léry, ouv. cit.
(2) D'Avezac, ouv. cit.

était plein s'estoit descendu à terre (1) ». La blessure de ce dernier était mortelle. A peine remonté sur l'*Espoir*, il expirait dans les bras de ses amis.

Essayer de le venger était chose facile : on aurait vite eu raison de ces barbares; mais Gonneville ne voulut pas exposer ses hommes à quelque échec qui compromettrait le reste de l'expédition, et, comme il fallait à tout prix renouveler les provisions, et surtout trouver une terre hospitalière où les malades et les convalescents reviendraient à la santé, l'*Espoir* leva l'ancre aussitôt pour la jeter de nouveau cent lieues plus au nord.

M. d'Avezac pense que cette nouvelle relâche se fit non loin de Bahia, car il est question dans la Déclaration de Gonneville d'un débouquement, c'est-à-dire d'une sortie par un détroit, et le seul point de la côte brésilienne en deçà du topique austral qui permette un débouquement est la rade de Bahia formée par l'île d'Itaparica. Sans être aussi affirmatif, contentons-nous d'indiquer cette hypothèse. C'est, en tout cas, sur le rivage de la province actuelle de Bahia que l'*Espoir* put se ravitailler. Cette fois nos Français étaient sur leurs gardes. D'ailleurs les indigènes les accueillirent fort bien (2). « La navire fut là chargée de vivres et des marchandises dudit pays predeclarées... et eussent les dites marchan-

(1) D'Avezac, ouv. cit.
(2) D'Avezac, ouv. cit.

dises vallu deffrayer le voyage, et entre bon proffict, si la navire fut venue à bon port (1). »

Quand tout fut remis en ordre, l'*Espoir* mit à la voile pour la troisième fois, et se lança en pleine mer. Sept à huit jours après le débouquement, « il (2) se trouvait en présence d'un islet inhabité, couvert de bois verdoyans, d'où sortoient des milliasses d'oiseaux, si tant qu'aucuns se vinrent à nicher sur les mâts et cordages de la navire. » Cette île est probablement Fernando de Norônha. Léry (3), quelques années plus tard, passera dans son voisinage. « Nous vismes que ceste isle, écrit-il, estoit non seulement remplie d'arbres tout verdoyans en ce mois de ianvier, mais aussi il en sortoit tant d'oyseaux, dont beaucoup vinrent se reposer sur les mats de nostre navire, et s'y laissèrent prendre à la main, que vous eussiez dit, la voyant ainsi un peu de loin, que c'estoit un colombier. »

Nos compatriotes eurent bientôt franchi la ligne, et se trouvèrent alors en pleine mer des Sargasses. Les immenses espaces occupés par ces prairies naturelles de l'Océan ne laissèrent pas de leur causer quelque frayeur. En effet, l'aspect étrange de cette mer a souvent effrayé les navigateurs qui la parcoururent. Les compagnons de Christophe Colomb et Colomb lui-même eurent grand peur quand ils se virent

(1) Id., *ibid.*
(2) Id., *ibid.*
(3) Léry, ouv. cit., p. xxi.

engagés dans ces masses de végétation flottante. Jean de Léry, quand il revenait en France, se crut arrêté par les sargasses qui retenaient son navire comme les filaments du lierre, et les matelots durent à plusieurs reprises s'ouvrir un passage avec la hache : les dangers étaient sans doute exagérés par la naïve crédulité des voyageurs d'alors, car ils ont de nos jours à peu près complètement disparu. Des barques ou de petits navires à voile auront peut-être quelque peine à se frayer un passage, mais de gros navires et surtout des bateaux à vapeur s'ouvriront toujours et facilement une voie. On comprend néanmoins les terreurs de l'équipage de l'*Espoir*. Les matelots se croyaient à chaque instant arrêtés par ces herbes flottantes, dont quelques-unes atteignent des proportions (1) gigantesques, mais ils parvinrent à se dégager, et se trouvèrent de nouveau dans une mer libre. Quelques jours plus tard ils arrivaient aux Açores, puis en Irlande et enfin à Jersey. Les côtes de France étaient en vue : Quelques heures encore les séparaient de l'heureux moment où ils pourraient revoir leurs familles, et jouir en paix d'un repos bien légitime : mais deux corsaires les guettaient. L'Anglais Edward Blunt de Plymouth et un Breton, Mouris Fortin, prévenus de leur arrivée

(1) On a recueilli telle de ces algues qui mesurait 183 mètres, et une autre qui atteignait la longueur extraordinaire de 366 mètres. Cf. PAUL GAFFAREL, *La Mer des Sargasses*, *Bulletin de la Société de géographie*, décembre 1873.

et comptant sur un riche butin, les attaquèrent à l'improviste. Gonneville et les siens se défendirent avec l'énergie du désespoir, mais ils étaient par trop inférieurs en forces. Ils s'échouèrent à la côte de l'île où leur navire se brisa et disparut avec sa riche cargaison. Douze d'entre eux succombèrent dans ce combat inégal, et quatre autres moururent des suites de leurs blessures. Telle était la triste issue d'une expédition jusqu'alors si heureuse, et si féconde en résultats. Ils comptaient sur la fortune et n'avaient recueilli que des fatigues et des maladies. Au moins conservaient-ils la preuve vivante de leur découverte, le jeune Essomericq, « qui audit Honfleur et par tous les lieux de la passée, estoit bien regardé pour n'avoir iamais eu en France personnage de si loingtain pays (1) ».

A peine débarqué Gonneville déposa sa plainte au conseil de l'Amirauté; mais la police des mers n'était alors qu'un vain mot, et cette absence de sécurité faisait de la piraterie une véritable profession. Les gens de l'amirauté ne purent offrir aux malheureuses victimes de Blunt et de Fortin que de stériles consolations. Ils eurent pourtant une heureuse pensée, et, sans le savoir, préparèrent pour Gonneville la plus splendide des réparations en assurant à son nom l'immortalité. Ils le requirent « pour la rareté dudit voyage, et iouste les ordonnances de la ma-

(1) D'Avezac, ouv. cit.

rine portantes que à la iustice seront baillez les iournaux et declarations de tous voyages au long cours, que ledit capitaine et compagnons fissent ainsy : pourquoy, obeissant à Iustice, il capitaine de Gonneville, et lesdits Andrian de la Mare et Anthoine Thiery, qui ont esté chiefs presents à tout le voyage, ne pouvant à leur regret bailler aucun de leurs iournaux, pour avoir esté perdus avecques la navire, ont fait la presente declaration. » C'est cette déclaration longtemps égarée ou méconnue, dont nous venons de faire l'analyse. Elle concorde de tous points avec le procès-verbal du 19 juillet 1505 dressé à la suite par les gens de l'Amirauté, et qu'on avait également perdu. De ces deux documents il résulte que le capitaine de Gonneville, parti de Honfleur pour aller chercher fortune aux Indes Orientales, fut arrêté par la tempête dans l'Atlantique et jeté hors de sa voie sur le continent américain. Il débarqua au Brésil dans le pays des Carijos, et y séjourna six mois environ, de janvier à juillet 1504. Dans ce long séjour il eut le temps d'observer les mœurs des indigènes, et d'étudier les ressources du sol. Pendant son voyage de retour il débarqua deux autres fois sur le continent, une première fois dans le pays des Margaïats ou des Tupinambous, une seconde fois non loin de Bahia. Il rangea l'île Fernando de Norõnha, traversa la mer des Sargasses, toucha aux Açores, en Irlande et à Jersey, où il fut attaqué par les corsaires, qui le dépouillèrent de son avoir. Gonneville est donc le prémier de nos compatriotes après Cousin, dont le voyage au Brésil ait laissé des traces certaines dans l'histoire, et la relation de son voyage est bien authentique, puisqu'on peut en confirmer la véracité et reconnaître, au moins dans leurs traits principaux, les pays qu'il a décrits.

III.

LES DÉCOUVREURS FRANÇAIS

DE L'AMÉRIQUE DU NORD.

…e mappemonde peinte pour le roi Henri II (reproduction de Jomard).

VERRAZANO, JACQUES CARTIER, ROBERVAL [1].

CHAPITRE I.

De toutes les colonies de la France en Amérique, le Canada fut la plus importante. Ce pays nous appartenait encore en 1763, et l'influence française y a été si durable que, à l'heure actuelle, près de deux millions de Canadiens sont restés fidèles à la langue de leurs ancêtres, et n'ont encore oublié ni les liens d'affection ni les relations d'intérêt qui les rattachaient à la métropole. Il importe donc, puisque la domination française a été si persistante dans cette région, de connaître ceux de nos compatriotes qui jetèrent les fondements d'une colonie qui aurait pu devenir un empire.

(1) Ce mémoire a été publié pour la première fois en 1886-87 par la *Revue de Géographie*, dirigée avec tant d'autorité et de compétence par notre excellent ami, M. le docteur Drapeyron. (Éditeur Delagrave.)

D'après la tradition, les Basques furent les premiers à s'aventurer dans l'Atlantique à la poursuite de la baleine. Emportés par leur fiévreuse ardeur, ils découvrirent, sans s'en douter, les îles et les côtes de l'Amérique du Nord. Dès le treizième siècle, on citait pour leur ardeur à ce genre de pêche les Basques de Biarritz. Quand on parcourt les côtes du golfe de Gascogne, on aperçoit encore, de loin en loin, des ruines de tours et de fours (1). Les tours étaient des observatoires qui servaient à découvrir au loin les baleines, et, dans les fours, on fondait leur graisse. Dès que le guetteur avait aperçu un de ces gigantesques cétacés, il donnait un signal, et la population accourait tout entière comme au pillage d'une ville. Une charte de l'année 1150 mentionne les barbes de baleine comme étant, sur toute la côte Basque, l'objet d'un commerce important et ancien. Du douzième au seizième siècle de nombreux faits attestent que la pêche des baleines était en pleine activité : ainsi une charte de 1338, donnée par le roi Édouard III, affecte le droit seigneurial de six livres sterling par baleine amenée à Biarritz aux frais de l'équipement d'une escadre. Il est vrai que les baleines, chassées à outrance, et bientôt instruites du danger, ne se hasardèrent plus si près de la côte, elles gagnèrent la haute mer, de même qu'elles s'enfoncent aujourd'hui dans les océans mystérieux

(1) F. Michel. *Le Pays basque*, p. 187.

des pôles. Pourtant le 11 février 1878 entre Guetaria et Zaranz on prenait encore une baleine, dont le squelette, long de quarante-huit pieds, est conservé au musée de Saint-Sébastien. Les Basques, alléchés par l'espoir du gain, se lancèrent alors à leur poursuite et, comme l'expérience leur avait appris qu'ils

Jacques Cartier. — D'après un ancien dessin à la plume conservé à la Bibliothèque nationale.

devaient de préférence filer vers l'ouest, ils se portèrent dans cette direction.

Rondelet(1), le disciple et l'ami de Rabelais, auteur d'un savant ouvrage sur les poissons écrivait en 1554 que les Basques, depuis longtemps, s'aventuraient en pleine mer à la recherche des baleines. Thevet (2),

(1) Rondelet, *De Piscibus marinis*, 1554, p. 480-481.
(2) Thevet, *Cosmographie universelle*, t. II, p. 987.

l'auteur d'une *Cosmographie universelle* publiée en 1575, remarque que quatorze ans avant l'arrivée du Portugais Cortereal dans l'Amérique du Nord, c'est-à-dire en 1487, « ceste terre avoit esté visitée par quelques capitaines rochelois de la part du golfe de Merosse, lesquels furent fort avant dans ledit goulfe. » En 1661 Cleirac (1), l'auteur des *Us et coustumes de la mer*, écrivait que les grands profits que firent les Basques « leur servirent de lucre et d'amorce à les rendre hasardeux à ce point que de faire la queste des baleines sur l'Océan par toutes les longitudes et latitudes du monde. » De nos jours encore les Basques sont d'intrépides marins. Il leur arrive parfois d'aller à la rame, sans se reposer, de Bayonne à Saint-Sébastien, et même ils poussent jusqu'à Santander. Au quinzième et au seizième siècles, surexcités par les émotions de la pêche, ils perdaient bientôt la côte de vue, et, sans plus se soucier de la tempête, risquaient gaiement leur vie. Peu à peu ils passaient d'un pays à l'autre, d'une île à une autre île, et, emportés par quelque coup de vent, ils finirent par aborder en Amérique bien avant Christophe Colomb.

Telle est du moins la tradition unanime du Pays basque. C'est même à un certain Jean de Echaïde (2)

(1) Cleirac, *Us et coutumes de la mer*, 1661, p. 140-141.

(2) Michelet, *La Mer*, p. 272. — Navarrete, *Coleccion de los viajes y descubrimientos*, etc., t. I, p. 51 : Los Vascongados pretenden tambien haber descubierto un paisano suyo, que se

qu'on attribue d'ordinaire l'honneur de cette découverte. Sur la septième feuille de l'atlas de Bianco, qui remonte à l'année 1436, est marquée très à l'ouest dans l'Atlantique, une île Scorafixa ou Stocafixa, dont la position correspond à peu près à celle de Terre-Neuve. Le premier éditeur (1) de ce curieux document, Formaleoni, a cru, non sans raison, y retrouver le nom de Stockfish ou île des Morues, car ce fut longtemps la coutume des navigateurs et des cartographes de désigner les pays nouvellement découverts par le nom de leurs principaux produits. Or sur quelle relation Bianco, qui composa cette carte en 1436, se fondait-il pour désigner ainsi une île dont la principale et, à vrai dire, l'unique richesse, encore de nos jours, est la pêche des morues? Peut-être Echaïde ou tel autre de ses compatriotes avait-il fait part de sa découverte à des étrangers, qui la communiquèrent à Bianco? Toujours est-il qu'à partir du milieu du quinzième siècle toutes les cartes de l'Océan portent, dans la direction de l'Amérique du Nord, un certain nombre d'îles désignées sous le nom ou bien de Stockfish ou bien de Bacalaos, et *bacalaos* est justement le mot basque qui veut dire morue. Ce nom de Bacalaos désigna même longtemps, à l'exclusion de tout autre, l'île de Terre-

llamaba Juan de Echaïde, los bancos de Terranova muchos anos antes que se conociese el Nuevo Mundo.

(1) FORMALEONI, *Saggio sulla antica nautica di Veneziani* (1783).

Neuve : il s'est perpétué jusqu'à nos jours, car on trouve à l'extrémité nord de la baie de la Conception la petite île Bacalaos, rocher isolé sur lequel se rassemblent des milliers d'oiseaux aquatiques. Aussi bien plusieurs des dénominations géographiques de Terre-Neuve rappellent encore le basque (1) : Rognouse ressemble au bourg d'Orrougne près de Saint-Jean de Luz; le cap de Raye qu'il faut éviter à cause des brisants a été ainsi nommé du basque *arraico*, qui signifie poursuite ou approche; le cap de Grats vient de Grata, station pour les travaux de pêche; Ulicillo signifie en basque trou à mouches, Ophoportu vase à lait, Portuchua petit port. On a même prétendu que le Labrador avait été ainsi nommé à cause du pays de Labour. Pendant longtemps les indigènes canadiens n'ont su que le basque, et tous les Européens qui naviguaient dans cette direction étaient obligés de connaître cette langue (2).

(1) Cette persistance du langage basque en Amérique est confirmée par un document cité par Léonce Goyetche (*Saint-Jean de Luz historique et pittoresque*, 1856, p. 143). Cf. José Pères (*Revue américaine*, VII, 182) citant un certain nombre de mots basques conservés en Amérique. Le père Charles Lalemant écrivait de Quebec, en 1626 : « Les sauvages de ce pays appellent le soleil Jésus, et l'on tient ici que les Basques, qui y ont ci-devant habité, sont les auteurs de cette dénomination. » Voir *Relation de la Nouvelle-France*, année 1626, p. 4.

(2) Pierre de l'Ancre, *Tableau de l'inconstance des mauvais anges*, liv. 1, p. 30-31. « Si bien que les Canadois ne traittoient parmy les François en aultre langue qu'en celle des Basques. »

Il semble donc établi que les Basques, dans leurs pêches aventureuses, allaient jusqu'à Terre-Neuve et peut-être jusqu'au continent.

Les Bretons et les Normands se sont également, bien avant Christophe Colomb, lancés dans l'Atlantique. En voyant sur toutes les cartes qui datent de la première moitié du seizième siècle les côtes de l'Amérique du Nord indiquées avec des dénominations françaises, on en conclut que ce sont nos compatriotes qui les ont découvertes. Les noms du cap des Bretons, *cabo de bretaos*, de terre des Bretons, *tierra de los Bretones*, se retrouvent presque sans exception, même sur les cartes qui n'ont pas été composées en France. Ainsi, sur la carte dressée avant 1520 (1), dont l'original est à Munich dans la Bibliothèque du roi, et dont une belle copie est déposée à Paris, on lit dans la contrée qui correspond à la Nouvelle-Écosse : *Terra y foy descubierta per Bertomes*. Sur la carte que le capitaine Duro (2) a présentée au congrès des Américanistes de Madrid en 1881 figure également le *golfo de Bretones* à l'embouchure du Saint-Laurent, et dans l'intérieur des terres une ville ou du moins une habitation nommée Bretan. Quant à des dates, à des noms, à des détails précis sur ces voyages des Bretons, on n'a encore rien trouvé. Il est pourtant probable que les archives des ports et

(1) HARRISSE, *Jean et Sébastien Cabot*, p. 167.
(2) Congrès des Américanistes de Madrid, en 1881, t. I.

de l'amirauté de Bretagne recèlent des documents qui porteront la lumière sur cette intéressante question. D'après une tradition dont un capitaine dieppois, cité par Ramusio (1), serait l'interprète; les premiers voyages des Bretons remonteraient à l'année 1504. « Cette terre (il s'agit de l'Amérique du Nord) a été découverte il y a trente-cinq années par les Normands et les Bretons. C'est pour cette raison qu'on la nomme aujourd'hui le cap Breton. » Ils ont continué à une date postérieure. Une lettre de rémission nous montre les marins de Dahouet pêchant en 1510 à Terre-Neuve (2), et vendant au retour leurs *molues* à Rouen. Dès juin 1519 les pêcheurs malouins faisaient sécher la morue au Sillon, comme ils ont fait longtemps après (3). En 1526 on signalait la présence aux pêcheries « des Bacallaos » d'un Breton, Nicolas Don (4), avec trente matelots. L'année suivante, le 3 août, John Rut (5), un Anglais,

(1) Ramusio (*Raccolta delle navigationi e viaggi*, t. III, p. 432) rapporte qu'en 1504 « detta terra è stata scoperta da 35 anni in qua cioè quella parte che corre levante e ponente per li Brettoni et Normandi, per la qual causa è chiamata questa tierra il capo delli Brettoni. »

(2) De la Borderie, *Mélanges d'histoire et d'archéologie bretonnes*, t. II, p. 153-6.

(3) Registre des audiences de Saint-Malo (Juin 1519).

(4) Herrera, Dec. III, X, 9. « Escrivio al Emperador, Nicolas Don, natural de Bretana, que iendo con treinta marineros à la pesqueria de Baccalaos. »

(5) Harrisse, *Jean et Sébastien Cabot*, p. 291.

rencontrait dans la baie de Saint-Jean un autre navire breton. Rappelons encore à ce propos que les Espagnols, dans leurs premières expéditions à l'Amérique du Nord, employaient toujours des pilotes bretons. Ainsi en 1511, lorsque Juan de Agramonte (1) prépara son voyage, la reine Jeanne ne lui donna l'autorisation de partir qu'à la condition qu'il emploierait et qu'il irait même chercher des pilotes bretons. Donc, bien que de ces voyages de nos Bretons aucune preuve authentique ne nous soit parvenue, les plus fortes présomptions nous engagent néanmoins à croire que de simples pêcheurs ou d'humbles négociants ont fait silencieusement ce que refirent plus tard, à grand bruit, les expéditions officielles. Leur gloire est anonyme, mais paraît vraisemblable.

C'est seulement en 1506 que commencent, avec les Normands, les voyages certains.

Un grand nom domine ici tous les autres, celui de l'armateur dieppois Jean Ango. Ce fut un des personnages les plus sympathiques du seizième siècle, un vrai Français par l'intelligence et le cœur tout aussi bien que par la hardiesse et l'esprit d'initiative. Fils unique d'un homme de pauvre extraction, mais qui s'était enrichi sur mer, il reçut une excellente éducation, et fut de bonne heure associé à toutes les entreprises de son père. Toute une légion de

(1) Navarrete, ouv. cit., t. III, p. 123. « Que por cuanto vos habeis de ir por los pilotos que con vos han de ir al dicho viaje la Bretâna. »

hardis capitaines se pressait alors autour de l'entreprenant armateur. On a conservé le nom de quelques-uns d'entre eux, Pierre Crignon et Thomas Aubert de Dieppe, Gamart de Rouen, Jean Denys de Honfleur, Parmentier, etc. Ce n'est pas dans les relations françaises que nous avons retrouvé leurs noms. Ils sont mentionnés dans le recueil italien de Ramusio (1). « Il y a environ trente-trois ans qu'un navire de Honfleur, dont Jean Denys était capitaine et le Rouennais Gamart pilote arrivèrent les premiers dans cette région (le Canada). — Vers l'année 1508 (2) un navire de Dieppe nommé la *Pensée*, appartenant à Jean Ango, père de monseigneur le capitaine et vicomte de Dieppe, et commandé par maître Thomas Aubert y aborda également. Ce fut le premier qui ramena des indigènes. »

Voici donc deux voyages bien constatés : celui de Denys en 1506, et celui d'Aubert deux ans plus tard. Il paraît même que Denys avait dressé la carte de la région, et que nous lui devrions la première description du golfe dans lequel se jette le Saint-Laurent. On lit en effet sur le catalogue de la biblio-

(1) Ramusio, ouv. cit., t. III, p. 423. « Sono circa 33 anni che un navilio d'Onfleur; all quale era capitano Giovanni Dionisio, et il pilotto Gamarto di Roano primamenté vando. »

(2) *Id.* : « Nell' anno 1508 un navilio di Dieppa, detto la Pensée, il quale era gia di Giovan Ango, padre del monsignor lo capitano et Visconte di Dieppa viando, sendo maestro over patron di detta nave maestro Tommaso Aubert, et fu il primo che condusse qui le genti del detto paese. »

thèque du parlement canadien, en 1858 (1), « carte de l'embouchure du Saint-Laurent, faite et copiée sur une écorce en bois de bouleau, envoyée du Canada par Jehan Denys en 1508. » C'était un calque d'une carte conservée au dépôt des cartes et plans du ministère de la guerre à Paris, en 1854. La carte a disparu, mais on peut encore étudier le calque, qui représente une bonne carte de la Gaspésie, non pas comme on la connaissait au seizième siècle, mais telle qu'elle figurait sur tous les atlas du dix-huitième siècle. Aussi peut-on conclure sans hésitation que ce prétendu calque est un document apocryphe. Quant à Thomas Aubert, que certains écrivains ont présenté très à tort comme chargé d'une mission par Louis XII, mais qui n'était en réalité qu'un capitaine aux ordres d'Ango, il amena en France des sauvages canadiens qui excitèrent une vive curiosité. Ce sont sans doute les indigènes dont il est parlé dans la continuation d'Eusèbe de Césarée (2) par Prosper et Mathieu Paulmier, en 1512.

(1) Harrisse, *Jean et Sébastien Cabot*, p. 249.

(2) Eusèbe de Césarée, *Chronicon*, 1512, p. 172. « Anno MDIX septem homines sylvestres, ex ea insula, quæ terra nova dicitur, Rothomagi adducti sunt cum cymba, vestimentis et armis eorum. Fuliginei sunt colorum, grossis labris, stigmata in facie gerentes ab aure ad medium mentum instar lividæ venulæ per maxillas deductæ. Barba per totam vitam nulla, neque pubes, neque ullus in corpore pilus, præter capillos et supercilia. Balteum gerunt in quo est bursula ad tegenda verenda; idioma labris formant. Religio nulla. cimba eorum corticea, quam homo

« En 1509, sept sauvages, originaires de cette île qu'on appelle le Nouveau-Monde, furent amenés à Rouen avec leur barque, leurs vêtements et leurs armes. Ils sont de couleur foncée, ont de grosses lèvres; leur figure est couturée de stigmates; on dirait que des veines livides, qui partent de l'oreille et aboutissent au menton, dessinent leurs mâchoires. Ils n'ont jamais de barbe au visage ou ailleurs, sauf les cheveux et les sourcils. Ils portent une ceinture avec une espèce de bourse pour cacher leurs parties honteuses. Ils parlent avec les lèvres. Ils n'ont aucune religion. Leur barque est d'écorce : un seul homme peut avec ses mains la porter sur l'épaule. Ils ont, pour armes des arcs très étendus, dont la corde est faite de boyaux ou de nerfs d'animaux. Leurs flèches sont en roseau, et terminées par des pierres ou des arêtes de poisson. Ils mangent de la chair desséchée et boivent de l'eau. Ils ne savent ce qu'est le vin, le pain ou l'argent. Ils marchent nus ou recouverts de la peau d'animaux, ours, cerfs, veaux marins, et autres semblables. »

Nous citerons encore, en 1524, le voyage d'un

una manu evehat in humeros. Arma eorum arcus lati, chordæ ex intestinis aut nervis animalium. Sagittæ cannæ saxo aut ossis piscis acuminatæ. Cibus eorum carnes tostæ, potus aqua, panis et vini et pecunarium nullus omnino usus. Nudi incedunt aut vestiti pellibus animalium, ursorum, cervorum, vitulorum marinorum et similium. »

navire rouennais, chargé de morues, capturé au retour par un capitaine anglais, Christophes Coo (1). En 1527 (2), un autre Anglais, John Rut, rencontrait dans la baie de Saint-Jean jusqu'à onze navires normands. La même année 1527, un capitaine castillan signalait dans cette baie jusqu'à cinquante navires (3), soit anglais, soit français, soit portugais. Rappelons également, mais sous bénéfice d'inventaire, que d'après Lescarbot, le seul écrivain qui ait mentionné cette expédition, un certain baron de Léry et Saint-Just, vicomte de Gueu (4), aurait débarqué vers 1528 à l'île de Sable, au sud de cap Breton, et y aurait séjourné avec ses hommes pendant cinq ans, vivant de poissons et du laitage de quelques vaches. Enfin on a retrouvé dans les greffes de Normandie divers actes notariés où sont relatés les voyages de la *Bonne-Aventure* commandée par le capitaine Jacques de Rufosse, de la *Sibille* et du *Michel* appartenant à Jehan Blondel, de la *Marie des Bonnes-Nouvelles*

(1) HARRISSE, *Jean et Sébastien Cabot*, p. 281.

(2) HAKLUYT, *Princip. Navig.*, t. III, p. 129.

(3) CESARE DURO, *Arca de Noé*, p. 316. « Cuyo capitan declaro que habia ido a reconecer los bacallaos y hallo alli unas cincuenta naos castellanas, é francesas, é portuguesas, que estaban pescando. »

(4) LESCARBOT, *Histoire de la Nouvelle-France*, 1621, p. 22. « Et demeurerent là (Ile du Sable) des hommes l'espace de cinq ans, vivans de poisson et de laictage de quelques vaches qui y furent portées il y a environ quatre-vingts ans, au temps du roi François I, par le sieur baron de Leri et de Sainct Iust, vicomte de Gueu. »

appartenant à Guillaume Dagyncourt, Nicolas Duport et Luys Luce, et commandée par Jehan Dieulois (1).

Si donc nous résumons ces premières notions, bien qu'incomplètes et confuses, il demeure établi que, depuis longtemps, des pêcheurs français, surtout Basques, et des négociants, surtout Bretons et Normands, fréquentaient le grand banc de Terre-Neuve, les îles et les côtes voisines, et leur avaient imposé des noms qui rappelaient la patrie absente; mais, avant d'entrer dans la véritable histoire, et de citer un voyageur, dont au moins la relation a été conservée, il nous faudra descendre jusqu'à l'année 1523. C'est un voyageur au service de la France, le Florentin Verrazano. Si l'histoire se tait sur les autres entreprises maritimes tentées à la même époque dans cette direction, en voici peut-être la raison.

La France, à cette époque, n'avait pas encore conquis la majestueuse unité qui fit sa grandeur dans les temps modernes. Elle ne présentait guère qu'une juxtaposition de villes et de provinces, qui, toutes, avaient des lois, des mœurs et des intérêts différents; de plus, le roi n'était qu'à peine obéi. A l'exception de quelques galères sur la Méditerranée, il n'y avait pas de marine royale. Aucun port sur l'Océan n'était

(1) GOSSELIN, *Documents authentiques et inédits pour servir à l'histoire de la marine normande pendant les seizième et dix-septième siècles;* Rouen, 1876.

à la disposition du gouvernement central. Les uns étaient villes libres, les autres relevaient de grands feudataires. Tout ce qui se passait sur l'Océan était donc à peu près indifférent au roi. Les affaires maritimes ne le regardaient pas. Les négociants de la Rochelle ou de Dieppe n'ignoraient pas qu'ils n'avaient à attendre aucune protection de leur souverain. Aussi s'isolaient-ils du gouvernement. Ils ne lui donnaient même pas avis de leurs découvertes. Ils avaient assez à faire de lutter contre les rois d'Espagne et de Portugal qui les poursuivaient sur toutes les mers. Leur commerce était surtout interlope. En effet, du moment qu'on acceptait la fiction que, de tel degré à tel autre, toutes les terres, même celles qui n'étaient pas encore découvertes, appartenaient à tel ou à tel souverain, et que le droit d'y trafiquer était la propriété de ce souverain, il était logique d'appeler vol et de poursuivre comme piraterie tout commerce fait au profit d'un étranger. Dès lors nos marins, obligés de se défendre, devinrent tous corsaires. Ils avaient bien pour but l'échange, mais ils faisaient la course par occasion. C'est sans doute ce qui explique le silence de l'histoire à leur sujet. Ils se taisaient par prudence et par esprit mercantile, afin d'éviter ou du moins de retarder une concurrence qui diminuerait leur profit, et aussi pour que leurs rivaux ne les poursuivissent pas dans les régions dont ils s'étaient attribué le monopole. Ainsi que l'écrivait, non sans amertume, l'auteur d'un routier rimé, encore inédit, Jehan Mallart (1).

> O quel meschef et quelle ingratitude
> Ont commis ceulx qui scavent longitude
> Qui nont voulu descrire oneques leur stille,
> Car France feust maintenant à ses ysles
> Ou Portugays ont place primeraine.

On peut, il est vrai, s'étonner que nos marchands n'aient pas songé à s'organiser en puissantes compagnies, et à fonder des colonies; mais, dans les idées du temps, commercer c'était métier de marchand, coloniser c'était métier de roi. Or, nos souverains se désintéressant de toute question maritime et ne songeant pas à créer des colonies, nos négociants se contentèrent de visiter, mais non de coloniser, les régions dont ils exploitaient les richesses. C'était déjà pour eux bien assez d'audace que d'aventurer sur l'Océan et leurs fortunes et leurs personnes, malgré les hostilités des Espagnols et des Portugais.

Tout change avec François Ier et ses successeurs. Non seulement le commerce prend son essor au grand jour, mais encore le roi intervient personnellement dans les affaires d'outre-mer. Il prend à sa solde des marins et des soldats, les couvre de sa protection contre toute agression étrangère et essaie d'établir des comptoirs et des colonies. François Ier, en effet, voyant les rois d'Espagne, de Portugal,

(1) Cité par Harrisse, *Les Cabot*, p. 228.

d'Angleterre même, prendre une part directe aux entreprises maritimes, comprit tous les avantages que retiraient ces souverains de l'exploitation des richesses encore presque inconnues du Nouveau-Monde. De plus, une question d'amour-propre le piquait au jeu. Les rois d'Espagne et de Portugal ne s'arrogeaient-ils pas la propriété exclusive de l'Océan, prétendant traiter en pirates tous les étrangers qu'ils y surprendraient? François Ier demanda(1) d'abord, avec esprit, qu'on lui montrât l'article du testament d'Adam qui l'excluait d'Amérique; puis, trouvant avec raison qu'un mot heureux ne suffisait pas, il se décida à envoyer un homme à lui faire un voyage de découvertes, qui serait comme l'annonce de plusieurs autres.

CHAPITRE II.

Cet homme était Florentin et se nommait Jean Verrazano. Remarquons à ce propos combien il est (2)

(1) *Art. de vérifier les dates*, édition de 1783, t. I, p. 635.

(2) Documents contemporains sur Verrazano :

25 avril 1523. Lettre de Joao de Silveira, ambassadeur de Portugal en France.

16 juin 1523. Lettre d'Alonso Davila à l'empereur Charles-Quint.

8 juillet 1524. Lettre de Verrazano à François I.

4 août 1524. Lettre de Fernando Carli à son père.

29 septembre 1525. Zanobis de Rousselay cautionne Jehan de Verrassane.

1526. Contrat d'association entre l'amiral Chabot, l'arma-

glorieux pour l'Italie d'avoir donné le jour aux navigateurs qui contribuèrent le plus, par leurs découvertes, à étendre le domaine de l'humanité. Gênes est la patrie de Christophe Colomb; Venise, de Gabotto, le pilote d'Henri VII Tudor; Florence, d'Amerigo Vespucci qui, sans le vouloir, donna son nom au Nouveau-Monde, et de Jean Verrazano, qui devait découvrir les côtes de l'Amérique du Nord.

Verrazano, le premier des découvreurs français que nous puissions opposer avec quelque honneur aux navigateurs espagnols et portugais, n'a pas encore eu chez nous les honneurs d'une biographie particulière. On ne parle de lui qu'en passant et par manière d'acquit. Les relations originales de ses voyages sont perdues. Si Ramusio (1), dans son

teur Jean Ango et Jehan de Varesam « principal pilote ».

11 mai 1526. Procuration de Jehan de Varasenne à son frère et à Zanobis de Rousselay.

12 mai 1526. Contrat entre Jehan de Varasenne et Adam Godeffroy.

Octobre 1527. Lettre du juge de Cadix à Charles V sur la prise et l'exécution de Juan Florin.

Octobre 1527. Lettre du même juge sur les principaux personnages arrêtés en même temps que Juan Florin.

1529. Carte de la Propagande dressée par Jérome de Verrazano.

Bernal Diaz, *Histoire véridique de la Nouvelle Espagne.*

(1) Ramusio, ouv. cit., t. III, f° 420-422. *Relatione di Giovanni da Verrazano Fiorentino della terra per lui scoperta in nome di sua Maestà, scritta in Dieppa.* — Cf. *Archivio storico italiano*, 1853, t. IX, n° 28 de l'appendice.

Recueil italien, n'avait pas conservé une lettre adressée par Verrazano à François Ier; si le hasard des temps n'avait pas épargné la lettre d'un nommé Fernando Carli (1), envoyée à son père et datée de Lyon, le 4 août 1524; si nous n'avions à notre disposition une carte manuscrite du collège de la Propagande à Rome (2), dressée par Hieronymo de Verrazano, frère de Jean, et portant en regard des côtes de la Nouvelle-France la légende : *Verrazane seu Gallia nova quale discopri Vanni fa Giovanni da Verrazano Fiorentino, per ordine et comandamente del christianissimo Re di Francia*, il nous serait difficile de rassembler les éléments de sa biographie. On a prétendu que Verrazano n'avait jamais voyagé en Amérique et que ses découvertes n'ont aucune réalité. On a même (3) affirmé que Verrazano n'était autre qu'un audacieux pirate, Florin, c'est-à-dire le Florentin, dont les expéditions se bornèrent à écumer le golfe de Gascogne, aux dépens des vaisseaux espagnols qui revenaient d'Amérique. Il est vrai que la biographie de Verrazano est encore à composer, mais on en rassemble peu à peu les éléments. M. Margry, l'ancien archiviste de la marine et M. Harrisse, l'éminent américaniste, ont déjà

(1) *Archivio storico italiano*, 1853, t. IX, p. 53-5. Lettera di Fernando Carli a suo padre.

(2) Harrisse, *Les Cabot*, p. 180. — Thomassy, *Les Papes géographes et la cartographie du Vatican*, Paris, 1852.

(3) De Heredia, *Traduction de Bernal Diaz*, t. II, p. 433.

retrouvé quelques pièces le concernant, et il est possible que nos dépôts d'archives de Normandie, de Bretagne, de Paris même, en recèlent encore. M. Buckingham Smith (1), ex-secrétaire de la légation américaine à Madrid, et M. Murphy ont également découvert sur lui de curieux documents dans les archives de la Torre de Tombo, de la Lonja et de Simancas. Il est vrai que quelques-unes de ces pièces se contredisent, mais on en fera sans doute quelque jour le départ. Nous ne pouvons entreprendre ici ce travail de critique. Voici, pour le moment, ce qu'on connaît sur le navigateur florentin.

Verrazano naquit à Florence vers 1485. Il était fils de Pietro Andrea de Verrazano et de Fiametta Capelli. Il fit pendant plusieurs années le commerce avec l'Orient et résida au Caire et en Syrie. Il avait déjà, d'après son compagnon Fernando Carli, parcouru tout le monde connu, lorsqu'il arriva en France, sans doute à la suite de nos armées. Il s'y fit promptement un renom par son audace et son activité. Lors des guerres contre l'Espagne, il commanda un ou plusieurs navires armés en guerre contre nos ennemis, car nous n'avions pas alors de vaisseaux de guerre proprement dits, et les navires de commerce devenaient en cas de besoin des vaisseaux de pirates.

(1) Buckingham Smith, *An inquiry into the authenticity of documents concerning a discovery in North America claimed to have been made by Verrazano*, New-York, 1864.

On a retrouvé une lettre (1), en date du 25 avril 1523, de Joao de Silveira, ambassadeur de Portugal en France, où il est fait allusion à un projet de voyage au Cathay sous le commandement de Verrazano. Il y est dit que l'expédition n'était pas encore partie de Normandie, et on y exprime des doutes sur son départ dans l'avenir. L'ambassadeur portugais se défiait en effet de ces prétendus voyages de découverte, et craignait que Verrazano ne cherchât qu'un prétexte pour courir sus aux navires portugais. Aussi s'efforçait-il de retarder le départ du Florentin. A la suite des relations amicales, qui ne tardèrent pas à être nouées entre la France et le Portugal, François Ier, désirant utiliser une escadre armée à grands frais, en cédant aux instances du capitaine qui devait la commander, se décida à l'expédier à la découverte de pays inconnus.

Verrazano aurait, paraît-il, fait trois voyages successifs vers l'Amérique du Nord, le premier en 1523, le second en 1524 et le troisième vers 1526. Nous ne connaissons que la relation du second de ces voyages, relation adressée à François Ier; mais il y est parlé avec quelques détails du premier voyage qui aurait été une simple course de pirates. Parti de Dieppe avec quatre vaisseaux, en 1523, l'auteur y serait revenu la même année, après d'heureuses

(1) Murphy, *The Voyage of Verrazano,* New-York, 1875. Letter of João da Silveira, the Portuguese ambassador in France, to king Don João III, 25 avril 1523.

rencontres aux dépens des Espagnols. D'après une tradition, qui pourrait bien être la vérité, si toutefois Verrazano et Florin sont un même et unique personnage, c'est peut-être dans ce premier voyage qu'il aurait pris et pillé les navires que Cortez envoyait en Espagne, chargés des dépouilles du Mexique. Ces navires étaient commandés par Alonso d'Avila. « Il faisait déjà route vers l'Espagne avec les deux navires, lisons-nous dans la *Véridique Histoire* de Bernal Diaz (1), lorsque Jean Florin, corsaire français, le rencontra, saisit l'or et les navires, prend d'Avila, et le mène captif en France. En la même saison ledit Jean Florin détroussa un autre navire qui venait de Santo Domingo, y prit environ vingt mille pesos d'or, grosse quantité de perles, sucre et aussi de bœufs, et, avec tout cela, s'en revint en France fort riche et fit à son roi et à l'amiral de France de grands présents de choses et objets d'or de la Nouvelle-Espagne, si bien que toute la France était émerveillée des richesses que nous envoyions à notre grand Empereur. »

Arrivons au second voyage, le seul dont on puisse parler avec quelque certitude.

Le 17 janvier 1524, Verrazano partait, sur la *Dauphine*, d'un rocher voisin de Madère. Il avait sous ses ordres cinquante hommes et était appro-

(1) BERNAL DIAZ, *Verdadera historia de los sucesos de la conquista de la Nueva España*, § 159.

visionné de vivres, d'armes et de munitions pour huit mois. Le vent d'est le poussait dans la direction de l'Amérique. A peine avait-il gagné la mer qu'il fut assailli par une horrible tempête. La région de l'Atlantique qu'il traversait alors est fort dangereuse. De véritables abîmes, dont la sonde trouve à peine le fond, y sont creusés dans les profondeurs de l'Océan, et les glaces du pôle achèvent de s'y fondre au contact des eaux tièdes du Gulf-stream. On se demande avec surprise comment les navires de l'époque, si mal construits, si mal gréés, pouvaient résister aux assauts de la mer ou au choc des glaces flottantes. Verrazano triompha pourtant de ces périls, et continua son voyage. Pendant vingt-cinq jours la *Dauphine* fut poussée dans cette direction, et Verrazano croyait n'avoir encore parcouru que quatre cents lieues marines environ, quand il découvrit une terre basse dont il s'approcha. Des feux étaient allumés le long de la côte. Le lendemain on aperçut des indigènes sur la plage, fort nombreux, tous armés, et qui suivaient avec attention les mouvements du navire. Malgré son désir d'entrer tout de suite en relations avec les indigènes, Verrazano n'osa pas s'aventurer avec si peu de monde et tourna au sud. Il longea la côte une cinquantaine de lieues sans rencontrer un port de débarquement, et, comme son équipage se lassait d'avoir toujours la terre en vue sans débarquer, il se décida à revenir sur ses pas et à faire le même voyage mais en sens inverse. Un examen plus attentif le confirma dans l'opinion qu'aucun port ne pouvait recevoir son navire. Il mouilla donc au large et envoya sa chaloupe à terre. Aussitôt le rivage fut bordé de sauvages, qui donnèrent différentes marques de surprise ou de crainte. On les voyait s'enfuir, revenir sur leurs pas, et recommencer à fuir, mais en tournant la tête pour observer ce qui se passait derrière eux. Ce qui les étonnait le plus, ils le dirent plus tard, c'étaient les vêtements et la couleur de nos compatriotes. Ceux-ci leur faisaient pourtant des signes amicaux, et, comme leur frayeur se dissipait par degrés, ils se rapprochèrent et apportèrent des vivres frais.

Verrazano débarqua à son tour, et put examiner de près ces peuplades, qui jusqu'alors n'avaient pas été visitées par des Européens. Ces Américains étaient nus, à l'exception du milieu du corps, recouvert de belles peaux attachées à une ceinture d'herbes artistement tressées. Cette ceinture était garnie de queues d'animaux qui descendaient jusqu'à mi-jambe. Leur couleur ne différait pas de celle des autres Américains. Ils portaient des panaches de plumes. Leurs cheveux étaient noirs, assez longs pour être relevés en tresse derrière la tête. Ils avaient la taille bien prise, d'une hauteur moyenne, la face et l'estomac larges. Leurs yeux étaient noirs et leurs regards pénétrants. Ils ne paraissaient pas vigoureux, mais étaient agiles et légers à la course.

Comme plusieurs des traits de cette description se rapportent à peu près exactement à tous les Américains établis sur les rives de l'Atlantique depuis la Floride jusqu'au Labrador; et comme, d'un autre côté, Verrazano ne donna pas le nom de la peuplade, il est impossible de préciser la tribu avec laquelle nos compatriotes furent d'abord en relation. De plus, la description du pays est tellement vague qu'elle ne peut non plus fournir aucune indication. Verrazano remarquait que la côte était garnie de dunes, que coupaient de temps à autre de petits fleuves. Quand on pénétrait dans le pays, de belles plaines garnies d'arbres touffus s'étendaient à perte de vue. Ces arbres étaient des palmiers, des cyprès, des lauriers, ainsi que d'autres espèces inconnues en Europe, et qui répandaient une odeur suave. Comme on était alors fortement imbu de la fausse opinion que les pays orientaux n'étaient pas éloignés, et que l'erreur de Christophe Colomb était encore accréditée, erreur d'après laquelle, en découvrant l'Amérique, il avait cru tout d'abord retrouver le Cathay et le Cipangu, c'est-à-dire la Chine et le Japon, les officiers et les matelots de Verrazano se persuadèrent qu'ils étaient à l'extrémité de l'Asie. Ils crurent aussi rencontrer des indices d'or et d'argent, ce qui exalta leurs espérances. Ils est vrai de dire que tout Européen débarquant au Nouveau-Monde pensait alors trouver à chaque pas des métaux précieux. Ils s'étonnèrent enfin du nombre et de la prodigieuse variété des animaux, surtout des animaux à venaison. Comme cette description s'applique à peu près à tous les États-Unis situés sur la côte de l'Atlantique, nous nous abstiendrons d'avancer des noms qui ne seraient que des hypothèses.

Lescarbot, le curieux et intéressant auteur de l'*Histoire de la Nouvelle-France*, prétend, dans son ouvrage, que Verrazano aurait découvert toute la région qui s'étend entre le trentième et le quarantième degré de latitude septentrionale (1), mais le Florentin dit expressément qu'il longea la côte d'abord cinquante lieues au sud, puis cinquante lieues au nord. Il ne pouvait donc pas avoir découvert des côtes qui s'étendaient sur une longueur de dix degrés.

L'air lui parut sain et tempéré, car il ne règne point de vents impétueux et les plus fréquents en été sont ceux de nord-est et d'ouest. Observation excellente, dont on peut chaque jour vérifier l'exactitude. Le ciel est presque toujours serein, ajoute-t-il, et, si les vents du nord soulèvent quelques brouillards, ils sont presque aussitôt abattus par la seule force du soleil. La mer voisine est toujours tranquille. Bien que le rivage soit bas et sans ports, la côte n'est pas dangereuse, car, jusqu'à cinq ou six pas de la terre, on trouve encore sept à huit brasses de profondeur. Cette partie

(1) Lescarbot, ouv. cit. § IV, p. 28-30.

de la relation de Verrazano s'appliquerait peut-être aux côtes de Georgie et de Virginie, dont le climat est fort tempéré, et qui sont basses et facilement accessibles; mais, encore ici, nous n'émettons qu'une hypothèse.

Les Français n'eurent avec les indigènes que d'excellents rapports. Bien différents en ceci des Espagnols, qui n'avaient rien de plus pressé que de les courber sous leur tyrannie, et, sous prétexte d'étendre la foi catholique, massacraient par système des malheureux, qui ne comprenaient seulement pas ce qu'on leur demandait, nos compatriotes se faisaient partout aimer. Gais et familiers, ils devenaient tout de suite les hôtes de la famille. Les femmes et les enfants s'attachaient à leurs pas. En échange de verroteries ou d'étoffes aux couleurs éclatantes, ils obtenaient des vivres frais, des bois précieux, des peaux d'animaux. Si par malheur l'un d'entre eux éprouvait un accident, tout de suite la tribu lui venait en aide. On eut de cet attachement une preuve fort touchante. Verrazano avait donné l'ordre de continuer le voyage dans la direction du nord. Il s'avança jusqu'à une pointe à partir de laquelle la côte s'infléchissait vers l'orient, et y découvrit une quantité de feux; mais, comme il ne redoutait nullement les indigènes, il envoya la chaloupe au rivage. Les vagues étaient si fortes qu'elle ne put aborder. Pourtant, comme les sauvages invitaient à descendre à terre tous ceux qui la montaient, un jeune matelot se jeta à l'eau, après s'être chargé de quelques présents. Il n'était plus qu'à vingt mètres du rivage, et l'eau ne lui venait plus qu'à la ceinture, quand tout à coup la peur le saisit. Il jeta aux sauvages tout ce qu'il avait apporté, et se remit à nager vers la chaloupe, mais il était déjà fatigué par son premier effort et la terreur paralysait ses mouvements. Une vague monstrueuse l'atteint, le renverse, et le jette sur la plage avec tant de violence, qu'il y demeure étendu sans connaissance. Les sauvages accourent à lui et lui prodiguent leurs soins. En reprenant ses esprits, le matelot, tout étonné de se trouver entre leurs bras, pousse de grands cris. Les sauvages pour le rassurer crient plus fort encore, puis, afin de le sécher, le dépouillent de ses vêtements et allument un grand feu. Le matelot crut alors que les indigènes voulaient le rôtir pour le dévorer, et les matelots qui, de la chaloupe et du navire, suivaient tous ses mouvements, s'imaginèrent aussi que tel était leur dessein. Pourtant leurs craintes et celles du matelot commencèrent à diminuer, quand, au lieu, de se voir maltraité, il remarqua qu'on faisait sécher ses hardes, et qu'on ne l'approchait du feu qu'autant qu'il était nécessaire pour le réchauffer. Enfin les sauvages lui rendirent la liberté, et le reconduisirent au rivage; puis, après l'avoir embrassé, ils s'éloignèrent un peu, et quand ils le virent à la nage, montèrent sur une éminence, d'où ils ne cessèrent de le regarder jusqu'à ce qu'il fût rentré à bord.

Verrazano suivit encore la côte pendant une cinquantaine de lieues, et arriva en vue d'une fort belle terre couverte de forêts. Vingt hommes descendirent, et pénétrèrent dans un pays, dont les habitants s'enfuirent à leur approche. Ils se saisirent d'une vieille femme et d'une jeune fille cachées dans l'herbe. La vieille portait un enfant sur son dos, et menait à ses côtés deux jeunes garçons. A la vue des étrangers, ils poussèrent des cris de frayeur. On leur donna des vivres, qu'ils reçurent avec joie, à l'exception de la jeune fille qui les refusa. Quelques matelots prirent les enfants dans l'intention de les transporter en France. Ils voulaient aussi mener à bord la jeune fille qui était fort bien faite, mais elle poussa de tels cris qu'ils redoutèrent les hostilités des sauvages dans une région couverte de bois. Ces indigènes leur parurent plus blancs que tous ceux qu'ils avaient vus. Ils étaient à demi vêtus d'un tissu d'herbes et de cannes. Leurs cheveux étaient épars. Les produits de la chasse, la pêche et divers légumes servaient à leur alimentation. Ils connaissaient l'usage des filets. Leurs flèches étaient armées d'os de poissons fort aigus. Leurs canots paraissaient d'une seule pièce. Les arbres étaient moins odoriférants que ceux des terres précédentes, mais ils étaient entremêlés de vignes, qui, croissant d'elles-mêmes, s'élevaient jusqu'au sommet des branches ou serpentaient à terre. Ce dernier détail, très caractéristique, nous permettra d'être ici plus explicite. Il n'y a en effet qu'un seul des États américains sur l'Atlantique, qui produise ainsi de la vigne naturelle, le New-York : et, par une singulière coïncidence, c'était déjà dans ces cantons que s'étaient établis, aux alentours de l'an mil, les colons scandinaves venus du Groenland et de l'Islande. Ils avaient même donné au pays, en raison de cette particularité, le nom de Vinland, ou région du vin (1).

Après avoir passé trois jours à l'ancre, les Français continuèrent à suivre la côte, mouillant chaque soir sur un bas-fonds. Cent lieues plus loin, ils découvrirent une terre charmante, traversée par un grand fleuve dont l'embouchure était profonde. Ils y firent entrer la chaloupe. Cette terre était très peuplée, et les habitants assez semblables aux précédents, mais parés de belles plumes. Ces sauvages, dont Verrazano vante l'hospitalité, indiquaie les endroits où on pouvait aborder. Les Français n'hésitèrent pas à s'engager dans le fleuve qu'ils remontèrent l'espace d'une demi-lieue, sans cesser de recevoir les politesses des Indiens. Mais une furieuse tempête, que rien dans l'atmosphère ne faisait prévoir, les força de retourner en pleine mer, non sans

(1) GAFFAREL, *Rapports de l'Amérique et de l'ancien continent avant Christophe Colomb.* — GRAVIER, *Découverte de l'Amérique par les Normands au dixième siècle.*

avoir remarqué sur les deux rives du cours d'eau toutes les apparences d'une terre abondante en mines.

De là ils gouvernèrent à l'est, en suivant toujours la côte, qui se prolongeait dans cette direction. A cinquante lieues plus loin, ils découvrirent une île de forme triangulaire, grande, peuplée et remplie de beaux vergers. Le ver ne leur permettant pas d'y aborder, ils s'avancèrent quinze lieues plus loin vers une autre, où ils trouvèrent, dans un bon port, plus de vingt canots, qui s'approchèrent de la *Dauphine* avec de grandes marques d'étonnement. On jeta aux indigènes des sonnettes et autres bagatelles, qui les rendirent plus familiers. Entre ceux qui montèrent à bord, on distingua deux chefs, l'un de quarante, l'autre de vingt ans environ, beaux hommes tous les deux, vêtus de peaux de cerf bien travaillées, portant les cheveux en tresse autour de la tête, et au cou une chaîne avec des pierres diversement colorées. Quelques femmes les avaient accompagnés. Elles étaient nues, à l'exception de la ceinture couverte de quelques bandes de peaux de cerf. Elles avaient aux oreilles des plaques de cuivre qui n'étaient dépourvues ni d'art, ni de goût, et qu'elles paraissaient estimer plus que de l'or. Elles furent charmées des sonnettes et des bijoux de verre qu'on leur offrit, et dont elles ornèrent aussitôt leurs oreilles et leur cou. La soie leur plaisait médiocrement. Elles se regardaient un moment dans les miroirs et se mettaient à rire en les rendant. Les hommes n'estimaient ni le fer, ni l'acier. Ils regardaient les armes sans oser en approcher. Pendant quinze jours que le vaisseau resta dans le port, il fut souvent visité; mais jamais les hommes ne perdirent leurs femmes de vue, malgré les prières et les appels des Français. Un chef qui venait souvent à bord laissait toujours la sienne à deux cents pas dans un canot; il entrait librement dans le vaisseau, adressait toutes les questions qui se peuvent faire par signes, mangeait et buvait avec plaisir tout ce qu'on lui présentait, mais regardait toujours du côté du canot où l'attendait sa femme.

Les Français ne craignirent pas de descendre, ni même de s'enfoncer dans l'intérieur du continent jusqu'à plus de six lieues de la côte. Ils aperçurent des plaines fort étendues et qui semblaient fertiles. La plupart des arbres étaient des chênes et des cyprès, avec quelques espèces qui leur étaient inconnues. Ils y trouvèrent des pommes et des noisettes. Les maisons du pays étaient rondes, bâties en bois, séparées les unes des autres et recouvertes d'un tissu de paille qui les garantissait, tout aussi bien que nos tentes, du soleil ou de la pluie. Quand le besoin ou le caprice poussait les habitants à changer de demeure, ces cabanes se transportaient aisément. Les sauvages étaient sujets à peu de maladies, et se vantaient de ne mourir que de vieillesse. Verrazano observa encore que le pays était rempli de pierres transparentes, et l'albâtre fort commun.

Après avoir renouvelé leurs provisions, les Français remirent à la voile, le 5 mai, et continuèrent à longer la côte dans la direction du nord. Ils firent environ cent cinquante lieues sans rien découvrir au rivage qui tentât leur curiosité : bientôt ils aperçurent une terre plus haute, couverte d'épaisses forêts, et dont les habitants étaient si farouches et si craintifs, que nul d'entre eux n'osa monter à bord. Leur unique exercice était la chasse ou la pêche. Le pays semblait stérile et ne présentait aucune trace de culture. Jamais ces barbares ne voulurent rien prendre en échange de leurs aliments. Le fer même, les couteaux et les hameçons ne parurent pas les tenter. Vingt-cinq Français qui prirent terre furent reçus à coup de flèches, et ne recueillirent pour fruit de leur expédition que d'avoir observé quelques apparences de mines, surtout de cuivre. Ils remarquèrent aussi que les indigènes portaient aux oreilles des plaques de ce métal.

De là, ne cessant pas de suivre le nord, les Français trouvèrent une côte moins abrupte, mais bordée dans l'éloignement par de hautes montagnes. Cinquante lieues plus loin, ils comptèrent trente-deux petites îles qui formaient comme un dédale. Enfin, s'avançant encore de cent cinquante lieues, ils arrivèrent près d'une terre déjà reconnue par les Bretons. Mais les vivres commençaient à manquer, le nombre des glaces flottantes augmentait, la longueur et les fatigues de la navigation avaient épuisé l'équipage, enfin capitaine et matelots désiraient rentrer en France pour y annoncer leurs découvertes et jouir de leur gloire. Verrazano se décida à donner le signal du départ. Il avait reconnu environ sept cents lieues de côtes, et donné à tout le pays le nom de Nouvelle-France. On n'a aucun détail sur le voyage de retour. On sait seulement qu'il fut heureux, et que Verrazano en écrivit, sous forme de lettre, la relation qu'il adressa à François Ier. C'est cette relation, insérée dans le recueil de Ramusio, dont nous venons de donner la traduction, ou plutôt la paraphrase.

On a prétendu que cette relation était controuvée, parce que son auteur avait donné des descriptions fausses du pays, des fleuves, des côtes et des habitants qu'il prétendait avoir découverts : il se peut, en effet, que certains détails manquent de précision, mais l'ensemble de la narration présente tous les caractères de l'authenticité, et il n'y a pas de raison suffisante pour la rejeter.

Aussi bien les contemporains de Verrazano s'étaient montrés moins défiants. Les cartographes du seizième siècle n'ont même pas discuté l'authenticité de ces découvertes. On conserve dans les archives de la congrégation de la propagande, à Rome, une curieuse mappemonde composée en 1529 par le propre frère de Jean, Jérôme Verrazano, qui se trouvait alors en France. Les côtes de l'Amérique du Nord, telles que le dessinateur les a présentées, contiennent un grand nombre de noms français, à côté des dénominations portugaises ou espagnoles, et tous ces noms se rapportent au premier voyage de Verrazano : Angolesme, Vendomo, Navarra, Morello, G. et C. del Refugio, Laforesta, Lungavilla, Vendôme, etc., et pour éviter toute fausse attribution, on lit, dans l'intérieur du pays, la légende suivante : *Verazzana sive Gallia Nova quale discopri 5 anni fa Giovanni di Verrazano, florentino, per ordine et comandamente del Chrystianissimo re de Francia* (1). Le nom de Verrazano figurera désormais sur la plupart des cartes du seizième siècle, et ses découvertes y seront toujours indiquées. C'est ainsi que dans le globe d'Ulpius (2) construit en 1542, on lira : *Verrazana, sive nova Gallia a Verrazano florentino comperta anno sal. M. D....* Dans le routier d'Alfonse (3), composé en 1543, sont marqués, toujours

(1) Voir plus haut, p. 135. Cf. CORNELIO DESIMONI, *Il viaggio di Giovanni Verrazano*, Florence, 1877. — Id. *Intorno al Florentino Giovanni Verrazano*, Gênes, 1881. — Id. *Allo Studio secondo intorno al Giovanni Verrazano*, Gênes, 1882. — DE COSTA, *Verrazano the Explorer*, New-York, 1881. — BUCKINGHAM SMITH. et MURPHY, ouv. cit.

(2) Globe en cuivre, conservé à la bibliothèque de la Société historique de New-York, reproduit par Buckingham Smith (ouv. cit.).

(3) HARRISSE, *Les Cabot*, p. 236-8.

d'après Verrazano, le golfe de la Franciscane, la baie des îles, la baie du Refuge, etc.; sur la carte de Gastaldi insérée dans la collection de Ramusio sont indiqués Angolesme, le Paradis, Port Real, le port du Refuge, etc. Il serait facile de multiplier les exemples, mais nous croyons en avoir assez dit pour démontrer que les contemporains de Verrazano furent moins sceptiques à son endroit que ne devait se montrer la postérité.

Ce ne devait pas être le dernier service rendu à la France par cet intrépide navigateur. François Ier, mis en goût par ces découvertes, et désireux de joindre à la gloire militaire ou artistique celle de protecteur de la navigation, voulant aussi répandre l'Évangile parmi des nations inconnues, confia à son vaillant capitaine la direction d'une troisième expédition. Magellan avait découvert au sud de l'Amérique le détroit qui porte son nom, et démontré que le continent américain se terminait par une pointe dans cette direction. Verrazano forma le hardi projet de renouveler au nord la tentative de Magellan, et de trouver un nouveau passage de l'Atlantique au Pacifique. C'est le fameux passage nord-ouest que Jean et Sébastini Gabotto, ainsi que Gaspard et Michel Cortereal avaient vainement cherché, et qui, depuis, fut l'objet de tant d'expéditions infructueuses. En se dirigeant vers le nord de l'Amérique, le capitaine florentin n'ignorait pas qu'il se heurterait à un continent, mais il espérait trouver quelque détroit qui lui permettrait de pénétrer dans l'océan Pacifique. Verrazano avait aussi l'intention de fonder une véritable colonie, et le roi lui avait accordé toutes les autorisations nécessaires. C'était le grand armateur dieppois, Ango, qui, de concert avec l'amiral de France, Philippe de Chabot, et quelques autres négociants normands, avait fait les frais de l'entreprise. On a conservé le traité conclu à ce propos entre les parties contractantes. Il y est dit expressément que trois vaisseaux, dont deux appartenant au roi, et le troisième à Jean Ango seront équipés « pour faire le voiaige des espiceries aux Indes. » Vingt mille livres tournois seront consacrées à cet armement. « Et pour ce faire avons conclud et délibéré, avec iceulx, mectre et employer jusques à la somme de vingt mil livres tournois, c'est assavoir pour nous admiral quatre mil livres tournois; maistre Guillaume Preudhomme général de Normandye deux mil livres tournois; Jehan Ango deux mil livres tournois; Jacques Boursier pareille somme; et Jehan de Varesam, principal pilote, semblable somme de deux mil livres tournoys. » L'amiral et Jean Ango ayant fourni les navires auront le quart des bénéfices; Varesam, en sa qualité de pilote, en aura le quart. On prévoit même le cas où les explorateurs pourront faire en mer quelque heureuse prise : « Et se aucun butin se faict à la mer sur les Mores, ou aultres ennemys de la Foy et du Roy. »

Trois autres documents relatifs à cette expédition

ont été encore conservés. Le premier, en date du 30 septembre 1525 est un acte par lequel un certain Zanobis de Rousselay cautionne messire Jehan de Verrassane. Le second est du vendredi 11 mai 1526. C'est une procuration générale donnée par Jehan de Varasenne (et non plus Verrassane), capitaine « des navires esquippez pour aller au voiage des Indes », à son frère Jérome de Varasenne et à Zanobis de Rousselay, pour le remplacer en son absence. Le troisième est du samedi 12 mai 1526. C'est un contrat signé entre Jehan de Varasenne et Adam Godeffroy, bourgeois de Rouen ; ce dernier s'engageait à faire partie de l'expédition avec un navire de quatre-vingt-dix tonneaux, nommé la *Barque-de-Fécamp,* et stipulait pour lui certains avantages (1).

La troisième expédition était donc bien préparée. Le roi, l'amiral, le plus grand armateur de France s'y intéressaient directement. Tout semblait annoncer le succès. Il est cependant probable que ce ne fut pas une exploration, mais une simple course de pirates. En effet, on ne sait rien de ce troisième voyage. On se contente de rapporter sur la foi de vagues traditions que Verrazano, ayant mis pied à terre dans un endroit où il voulait bâtir un fort, les sauvages se jetèrent sur lui, le massacrèrent avec tous ses gens, et le dévorèrent. Mais, si le fait est

(1) Ces divers documents ont été donnés par de Costa et Murphy (ouvrages cités) et dans la *Revue critique d'histoire et de littérature*, 1876, n° 1, p. 22-23.

vrai, comment l'a-t-on su, puisque tous les Français auraient été victimes de la perfidie des sauvages? En second lieu, a-t-on oublié que les Indiens du Nord n'ont jamais été cannibales? Ils sont passés maîtres, il est vrai, dans l'art de torturer leurs prisonniers, mais, s'ils les tuent, ils ne les mangent pas. En réalité Verrazano, au lieu d'aller chercher au nord de l'Amérique la route de la Chine, se contenta d'écumer les mers de France et d'Espagne. Si, comme tout le fait supposer, les Espagnols l'ont connu sous le nom de capitaine Florin, voici quelle aurait été sa fin. Bernal Diaz, le compagnon de Fernand Cortez, la raconte en ces termes dans son *Histoire véridique de la Nouvelle-Espagne* : « Incontinent le roi de France commanda à Jean Florin de s'en aller derechef quêter sa vie sur la mer. Au retour de ce nouveau voyage d'où il ramenait grosse prise de toute robe, entre Castille et les îles de Canarie, le Jean Florin fit rencontre de trois ou quatre navires biscayens très roidement armés qui, l'attaquant les uns à babord, les autres à tribord, le rompent, le défont et le prennent, lui et maints autres Français. Ils lui prirent navire, et robe, et menèrent prisonniers Jean Florin et autres capitaines à la Casa de contractacion de Séville, d'où ils furent expédiés à Sa Majesté, laquelle l'ayant su, ordonna que, sur le chemin, il en fût fait justice. Et, au port de Pico, ils furent pendus. »

Ce n'est donc pas dans une rencontre avec les

sauvages, mais comme un vulgaire pirate que périt Verrazano. On a conservé un ordre de Charles-Quint, daté de Lerma, le 13 octobre 1527, en vertu duquel Verrazano, arrêté sur la route de Madrid, à Colmenar de Arenas, village situé entre Tolède et Salamanque, fut pendu haut et court un des jours du mois suivant. Parmi les gentilshommes français pris avec lui, le plus marquant, Jean de Mensieris, de Turenne en Limousin, fut condamné aux galères à perpétuité. Tels sont les faits précisés et confirmés par deux lettres d'octobre 1527 écrites par le licencié Juan de Giles, lettres qui ont été retrouvées et publiées récemment (1). Ainsi aurait disparu cet aventurier qui, mieux soutenu par la France, aurait pu nous assurer la possession de l'Amérique du Nord.

Nous ne nous dissimulons pas tout ce que cette biographie du navigateur florentin présente d'incomplet, et même d'incohérent, mais chaque jour on découvre, on explique mieux certains documents. D'ailleurs on n'a pas encore fouillé toute les bibliothèques, on ne connaît pas toutes les richesses des dépôts publics, et, à plus forte raison, des collections particulières. Qui sait si quelque lettre ignorée, quelque contrat qui dormait dans la poussière des siècles ne jettera pas un jour ou l'autre quelque lumière inattendue sur Jean Verrazano.

Ce ne sont pas les documents qui nous manque-

(1) Murphy, ouv. cit. — Lescarbot. *Hist. de la Nouvelle-France.*

ront pour retracer la biographie du second découvreur du Canada, de notre compatriote, le fameux Jacques Cartier.

CHAPITRE III.

Jacques Cartier (1) naquit à Saint-Malo; non pas comme on l'a cru longtemps, et comme nous l'avons

(1) DOCUMENTS A CONSULTER SUR JACQUES CARTIER :

Saint-Malo, 28 mars 1533. Arrêt de la cour de l'amirauté de Saint-Malo permettant à Cartier de recruter ses équipages.

Discours fait par le capitaine Jacques Cartier en la terre Neufve de Canada, dite nouvelle France, en l'an mil cinq cens trente quatre.

30 octobre 1534. Commission donnée à Cartier par l'amiral Chabot-Charny.

Saint-Malo, 30 mars 1535. Rôle des équipages de Cartier.

Brief récit et succincte narration de la navigation faite en 1535 et 1536 par le capitaine Jacques Cartier aux îles de Canada, Hochelaga, Saguenay et autres, avec particulières mœurs, langaige et cerimonies des habitants d'icelles fort delectable à veoir.

Saint-Pris, 17 octobre 1540. Lettres patentes de François Ier, instituant Cartier pilote général.

Saint-Pris, 20 octobre 1540. Permission donnée à Cartier, par le dauphin Henri, duc de Bretagne, d'emmener au Canada cinquante prisonniers.

Fontainebleau, 12 décembre 1540. Lettres patentes de François Ier pour assurer le recrutement des équipages de Cartier, et se plaindre des retards de l'expédition.

Relation abrégée du troisième voyage de Cartier, insérée dans le Recueil de Hackluyt.

Évreux, 3 avril 1543. François Ier institue une commission

nous-même écrit, le 31 décembre 1494, mais entre le 7 juin et le 23 décembre 1491. Il résulte en effet d'un (1) procès, en date du 2 janvier 1548, procès auquel figurait en qualité de témoin Jacques Cartier, qu'il avait à cette époque cinquante-six ans. Le 23 décembre 1551, (2) assigné comme témoin par une certaine Marie du Rocher, il déclare avoir soixante ans. Le 6 juin 1556 (3), témoignant en faveur d'une

pour le règlement des dépenses faites par Roberval et Cartier.

Saint-Malo, 21 juin 1544. Règlement de comptes entre Roberval et Cartier.

Paris, 14 janvier 1588. Henri III concède aux neveux de Cartier, Jacques Nouël et la Jannaye Chatton, le monopole du commerce du Canada pour douze années.

Rennes, 11 mars 1588. Protestation des Malouins contre le privilège accordé à Nouël et la Jannaye.

Rouen, 9 juillet 1588. Révocation du privilège.

Un ancien élève de l'école des Chartes, Mr Joüon des Longrais, vient de publier sur Jacques Cartier (Paris, 1888, Alphonse Picard) une série de documents inédits qui nous permettront de renouveler ou tout au moins de rajeunir la biographie du découvreur malouin. Tous ces documents ne présentent pas, il est vrai, le même intérêt, mais plusieurs sont de la plus grande importance, et ce fut pour nous une véritable bonne fortune que la publication de ce précieux recueil.

(1) Appointement à produire pour informer de l'estat sur la queste de Moyne. (Archives d'Ille-et-Vilaine) — Joüon des Longrais, p. 5

(2) Adjudication de bonne prise de trois navires flamands et espagnols : le *Faucon-Blanc*, l'*Assomption de Biscaye*, le *Griffon*, Joüon des Longrais, p. 7.

(3) Procès de Perrine Gaudon, accusée d'avoir fait gras la veille de la Pentecôte. Joüon des Longrais. p. 84.

certaine Perrine Gaudon, accusée injustement, il se donne soixante-quatre ans. Ces trois déclarations concordent entre elles, et nous permettent de reporter à l'année 1491, entre le 7 juin et le 23 décembre, la date de la naissance de Cartier (1).

On ne connaît pas exactement le nom du père de Jacques Cartier. On a mis en avant un certain Jamet Cartier, né le 4 décembre 1458, qui épousa Josseline Jansart. Jean, Pierre et Étienne Cartier, fils de Jean Cartier et de Guillemette Baudouin, peuvent également être proposés, car on retrouve tous ces noms dans les archives de la mairie de Saint-Malo. Nous ferons néanmoins remarquer que les registres de l'état civil de cette ville permettent toutes les attributions, car ils sont fort incomplets et ne contiennent aucune mention précise sur la filiation de notre héros. Un fait seulement se dégage, c'est qu'il appartenait à une famille de marins, et que, de très bonne heure il commença son rude apprentissage de navigateur.

Quelles furent les premières contrées qu'il visita? On sait déjà que les Bretons et les Normands étaient fort nombreux, dans les premières années du seizième siècle, aux pêcheries du Labrador et du golfe Saint-Laurent. Il est très probable que Cartier suivit à diverses reprises ses compatriotes malouins dans

(1) Harvut, *Jacques Cartier. Recherches sur sa personne et sa famille.* (Revue de Bretagne et de Vendée) octobre 1884.

ces parages difficiles, et y acquit les connaissances pratiques et les qualités de sang-froid et d'énergie, dont il devait plus tard donner tant de preuves. Nous retrouvons d'une façon plus authentique les traces de ses voyages au Brésil. Non seulement, dans le récit de ses voyages (1), il aimait à se rapporter à des notions acquises par lui dans un séjour antérieur au Brésil, mais un curieux document (2), en date du 30 juillet 1528, nous le montre faisant tenir sur les fonts baptismaux, par sa femme Catherine des Granches, une certaine Catherine du Brezil, sans doute une enfant que, suivant l'usage de l'époque, il avait ramenée du Nouveau-Monde. Il avait en outre, dans ses voyages au Brésil, acquis une connaissance assez approfondie de la langue portugaise pour être choisi comme interprète par des Portugais, prisonniers à Saint-Malo. Le 10 avril 1544 (3), le capitaine portugais Antonio Albarès, dont le navire la *Fantaisie* avait été capturé par deux Malouins, Iehan Lhostellier et Clavegris, le priait de vouloir bien lui servir d'interprète dans son procès contre les capteurs, et le 25 mars 1557 deux autres Portugais, Manuel Alfonce (4), et Gonsalo Gauces, dont la caravelle avait

(1) Voyage de 1545, p. 30-31. « Le dict peuple vit en une communauté de biens assez et de la sorte des Brisilians. » — « Leur bled lequel est gros comme poix, et de ce même en croist assez au Brésil. »

(2) Document cité par Joüon des Longrais, p. 15.

(3) Id., p. 56

(4) Id., p. 99.

été prise par des corsaires malouins, Pepin de la Broussardière, François Lucas et Hervé de la Lande le priaient de certifier « la prodhomye et suffisance » en qualité d'interprètes, de Bertran de Serences et Jacques Boullain.

Dans ces voyages répétés soit aux « Terres-Neuves » de l'Amérique du Nord, soit au Brésil, Cartier avait acquis grand renom et honnête aisance. Il songea à se marier, et, en avril 1520, obtint la main de Catherine des Granges ou des Granches. Cette jeune fille appartenait à une des familles les plus considérables de la cité bretonne. Son père, Jacques des Granges était connétable de la ville. Il était fort estimé de ses concitoyens. Catherine semble avoir hérité de cette considération. De juillet 1528 à septembre 1567 (1), son nom figure à vingt-neuf reprises différentes dans les actes paroissiaux en qualité de marraine. Cartier semble avoir beaucoup aimé sa femme. Aussi bien il en portait le souvenir avec lui dans ses voyages, et plusieurs îles et havres du Canada devaient plus tard, en son honneur, porter le nom de Sainte-Catherine (2).

Jacques Cartier, dans ses nombreux voyages sur

(1) Document cité par Joüon des Longrais, p. 185-7.

(2) Le passage de la relation de 1541 ne semble-t-il pas une allusion à Catherine Desgranges : « Trouvasmes des terres à montagnes moult hautes et effarables, entre lesquelles il y a une apparaissante estre une granche, et pour ce nommasmes nous ce lieu les monts des Granches? »

l'Atlantique, avait formé un double projet : en premier lieu visiter méthodiquement et décrire avec précision les îles et les côtes que ses compatriotes parcouraient déjà, mais uniquement au point de vue commercial. Il désirait surtout découvrir ce mystérieux passage d'Europe en Chine par le nord-ouest, que l'on devait chercher pendant plusieurs siècles avec une si admirable persévérance. En second lieu ce qui le poussait à entreprendre cette difficile expédition, c'était son ardent désir de convertir au christianisme des peuples idolâtres. Il a lui-même exprimé ses intentions dans une lettre adressée au roi François Ier, et dont certains passages méritent, par leur étrangeté, d'être cités ici.

« Considérant, o mon très redoubté prince, les grandz biens et dons de grace qu'il a plu à Dieu le Createur faire à ses creatures... je regarde que le soleil qui chascun jour se lieve à l'orient et se recouce à l'occident, faict le tour et circuit de la terre, donnant lumiere et chaleur à tout le monde en vingt quatre heures... à l'exemple duquel je pense à mon foible entendement et sans autre raison y alleguer, qu'il plaist à Dieu par sa divine bonté que toutes humaines creatures estans et habitans soubz le globe de la terre, ainsy qu'elles ont veue et congnoissance d'iceluy soleil, ayt et ayent pour la temps advenir congnoissance et creance de nostre saincte foy. Car premièrement icelle nostre saincte foy a été semée et plantée à la terre saincte, qui est en Asye à l'orient de nostre Europe. Et depuis par succession de temps apportée et divulguée jusques à nous, et finalement à l'occident de nostredicte Europe, à l'exemple dudict soleil portant sa chaleur et clarté d'orient en occident... »

Ce n'était point de la part de Cartier protestation hypocrite de zèle religieux. Par toute sa conduite dans ses divers voyages, il affirmera son désir et sa ferme volonté de répandre la foi chrétienne. On dirait un fervent missionnaire qui ne recherche et n'espère que la conquête des âmes.

Donc étendre par des découvertes géographiques l'action extérieure de la France, augmenter le nombre des fidèles en convertissant des peuplades idolâtres, telle était la double pensée de Cartier. Tels furent les plans que, par l'entreprise de son beau-père, le connétable de Saint-Malo, il proposa à l'amiral de France, Philippe de Brion-Chabot.

Ce dernier, depuis quelque temps déjà, poussait son maître, François Ier, à reprendre le dessein d'établir au Nouveau-Monde une colonie française. On ne parlait alors, dans l'Europe entière, que des merveilleuses conquêtes des Espagnols. Les exploits de Balboa, de Cortez, et de Pizarre hantaient les imaginations. Aussi, bon nombre d'aventuriers français, sans attendre la permission du roi, couraient-ils, sur toutes les mers, à la recherche de la fortune. François Ier aurait voulu prendre sous sa protection ces aventuriers, et, en face de l'empire colonial portugais ou espagnol, créer une France nouvelle. Ce qui l'excitait ce n'était pas seulement l'amour-propre, le désir de rivaliser avec des souverains contre lesquels il soutenait déjà en Europe une lutte gigantesque; lui aussi voulait arracher à leurs erreurs des populations idolâtres et les convertir au christianisme. Malgré l'insuccès des expéditions précédentes, il ne laissait pas de nourrir dans son cœur l'espérance de porter la foi chrétienne aux Terres-Neuves. Il faisait même élever et instruire dans la foi catholique plusieurs sauvages qui lui avaient été amenés de ces lointains pays. Il se proposait de les y renvoyer ensuite avec des colons français, pour que ces néophytes pussent faciliter, en qualité d'interprètes, la conversion de leurs compatriotes. Il a pris soin de nous faire connaître ses desseins dans les lettres patentes qu'il conféra plus tard à Cartier, le 17 octobre 1540 (1) :

« Comme pour le désir d'entendre et avoir congnoissance de plusieurs pays que on dict inhabitez, et aultres estre pocedez par gens sauvaiges vivans sans congnoissance de Dieu et sans usaige de raison, eussions des piecza à grandz fraiz et mises envoyé descouvrir esdits pays par plusieurs bons pillottes et aultres nos subjectz de bon entendement, scavoir et expérience, qui d'iceux pays nous avoient amené

(1) Alfred Ramé. *Documents inédits sur Jacques Cartier*, p. 12.

divers hommes que nous avons par long temps tenuz en nostre royaume les faisans instruire en l'amour et craincte de Dieu, et de sa saincte loy et doctrine chrestienne, en intention de les faire revenir esdicts pays en compaignie de bon nombre de nos subjectz de bonne volonté, affin de plus facillement induire les autres peuples d'iceux pays à croire en nostre saincte foy. »

Ce double rôle de protecteur du commerce français et de défenseur ou plutôt de propagateur du christianisme convenait à François Ier. Il associait ainsi ses intérêts politiques à ses devoirs de chrétien, et, tout en soutenant avec honneur la puissance française, il prouvait une fois de plus que le roi de France était le fils aîné de l'Église. Aussi l'amiral de Brion-Chabot avait-il beau jeu pour rappeler au roi tous les avantages de la fondation d'une colonie au Nouveau-Monde. Comme il avait sous la main un pilote expérimenté, un homme qu'il pouvait présenter au roi en toute confiance comme le chef de l'expédition projetée, ce dernier accorda tout de suite à l'amiral la permission demandée et envoya ses instructions définitives.

La nouvelle de l'expédition projetée fut mal accueillie par les Malouins. Nombre d'entre eux n'avaient pas attendu l'autorisation royale pour explorer les terres nouvellement découvertes, et, comme ils gardaient soigneusement le secret de leurs itinéraires, ils retiraient des profits considérables de leur commerce avec les peuplades américaines. Bois précieux, ustensiles bizarres, et surtout fourrures de grand prix étaient par eux achetés à vil prix en Amérique et revendus fort cher sur les marchés français. Jaloux de conserver ce monopole, et craignant la concurrence, même de leurs compatriotes, ils n'osèrent pas entrer en lutte ouverte contre l'amiral et son protégé, mais ils firent en quelque sorte le vide devant eux. Impossible à Cartier de compléter ses cadres. Les matelots et les maîtres d'équipage avaient disparu. Il fut obligé de recourir à la haute intervention de son protecteur, qui, le 28 mars 1533, fit rendre (1) par la cour de Saint-Malo une ordonnance en vertu de laquelle « est donné pouvoir et auctorité, commission et mandement espécial aux sergens généraulx de ceste dicte court et à chacun de fère, à instance et requeste audit Cartier, et audit nom de l'auctorité de ladite court, arrestz sur tous et chacuns les navires de ce port et havre et de toute la juridiction, avecques prohiber et deffandre à touz et chacun les bourgeoys et maistres de navires de non les fere deplacer de cedit port et havre de ceste ville des lieux où y sont, et de non les fere voiaiger, ne fere aultre navigation jucques à ce que tout premier lesdits deux navires audit Cartier, et audict nom, soient deubment equippez de maistres mariniers et compagnons de mer, en ensuyvant le

(1) Ramé, ouv. cit., p. 3-5.

bon plaesir et voulloir dudict seigneur, à la paine de cinq cents escuz pour chacun des dits navires, et lesdits maistres mariniers et compagnons chacun à la paine de cinquante escuz. »

L'amende était considérable; on savait que l'amiral était parfaitement décidé à ne pas revenir sur sa décision, et que Cartier de son côté aimerait mieux se brouiller avec quelques-uns de ses compatriotes que renoncer à son projet. Des ordres furent donnés. Matelots et maîtres d'équipage se retrouvèrent comme par enchantement, et Cartier fut aussitôt en mesure de mettre à la voile. Le 20 avril 1534, il partait de Saint-Malo avec deux bâtiments de soixante tonneaux et cent vingt-deux hommes d'équipage. C'étaient de minces ressources pour une expédition aussi difficile; mais les capitaines du seizième siècle affrontaient sans trembler les périls de l'Océan. Leurs détracteurs ont prétendu qu'ils n'en n'avaient pas conscience. A quoi sert de rabaisser les nobles sentiments et les grands caractères? Croyons plutôt, pour l'honneur de l'humanité, que cette héroïque légion de découvreurs, Espagnols, Portugais, Anglais, Français, peu importe leur nationalité, connaissaient au contraire les dangers auxquels ils s'exposaient, et les affrontaient, parce qu'ils croyaient remplir un devoir. Jacques Cartier était de ceux qui ne reculent jamais devant l'accomplissement de leur devoir. Sans s'inquiéter de la petitesse de ses navires et du faible nombre de ses compagnons, il prit donc la mer dans la direction du nord-ouest.

Jacques Cartier a composé la relation de ce premier voyage. Elle ne fut imprimée à Paris qu'en 1545 et à Rouen qu'en 1598. Cette relation était devenue fort rare, presque introuvable. Ramusio et Hackluyt, dans leurs *Collections de voyages*, et Lescarbot dans son *Histoire de la Nouvelle-France*, avaient inséré cette relation, mais Ramusio et Hackluyt n'avaient donné qu'une traduction italienne ou anglaise, et Lescarbot qu'une paraphrase. Les Canadiens, plus jaloux que nous autres de conserver les souvenirs et la gloire de l'homme qui fonda leur nationalité, publièrent en 1843 une nouvelle édition de la relation de Cartier, mais les publications de la Société littéraire et historique de Québec sont peu répandues en France, et c'est un véritable service que rendit M. Édouard Charton à tous les amis de la science en reproduisant cette relation dans le quatrième volume de ses *Voyageurs anciens et modernes* (1857). Deux érudits contemporains, MM. Michelant et Ramé en ont donné dix ans plus tard une dernière et définitive édition. C'est un tardif hommage à la mémoire du navigateur malouin. Nous nous attacherons exclusivement à cette dernière édition dans le résumé que nous allons entreprendre de ce premier voyage.

Le voyage fut heureux et les vents favorables. Le 10 mai, les Malouins arrivaient en vue de Terre-

Neuve, aux alentours du cap Bona-Vista. Ils ne purent aborder tout de suite à cause des glaces flottantes, et descendirent au sud jusqu'à un port qu'ils nommèrent Sainte-Catherine. Ils y séjournèrent une dizaine de jours attendant le beau temps. Le 21 mai, nouveau départ, encore dans la direction du nord, jusqu'à de petits îlots, qu'ils nommèrent îles des Oiseaux, à cause de la prodigieuse quantité d'oiseaux qui y avaient élu domicile. Ces îlots étaient entourés de glaces, mais on mit les chaloupes à la mer et « de ces oiseaux nos deux barques se chargèrent en moins d'une demi-heure, comme l'on aurait pu faire de cailloux, de sorte qu'en chasque navire nous en fismes saler quatre ou cinq tonneaux, sans ceux que nous mangeâmes frais. » Rien de plus exact que cette description. Les glaces du pôle descendent en effet jusqu'à Terre-Neuve et rendent très difficile la navigation dans ces parages. Quant aux oiseaux, si leur nombre a diminué, leur sottise est toujours la même. Ce sont des guillemots ou des pingouins. On les prend à la main, on les assomme à coups de bâton, et ceux qui ont survécu au massacre reviennent l'année suivante se faire tuer au même endroit.

Cartier fut très surpris de trouver sur ces îles un ours « gros comme une vache, blanc comme un cygne, lequel sauta en mer devant eux. » Le lendemain ils le trouvèrent en mer, à moitié chemin de la grande île, « nageant vers icelle, aussi viste que nous qui allions à la velle, mais l'ayans apperceu luy donnasmes la chasse par le moyen de nos barques, et le prismes par force. » Certains commentateurs ont argué de ce passage pour accuser Cartier de mêler des fables à ses récits. Nous pensons au contraire que Cartier fut toujours sincère. Si quelques-unes de ses observations ont prêté le flanc à la critique, c'est qu'elles furent mal faites, mais presque toujours nous aurons à constater chez lui la plus grande véracité. Ainsi s'explique tout naturellement l'épisode de l'ours blanc. Il peut sembler étrange qu'un ours essaye de traverser à la nage le détroit de quatorze lieues de large qui sépare les îles des Oiseaux de Terre-Neuve, mais, outre que ces animaux sont d'excellents nageurs, ils savent se servir en guise de radeaux de ces masses flottantes de glace toujours si nombreuses dans les parages de Terre-Neuve. Quelques-uns d'entre eux accomplissent parfois sur de semblables esquifs de véritables traversées. Le récit de Cartier est donc absolument vrai.

Après avoir reconnu les îles des Oiseaux, nos Français longèrent la côte, observant avec soin les caps, les baies et les îles, auxquels ils imposaient des noms qui rappelaient la patrie absente. Cartier dressait la carte du pays, mentionnait avec une prévoyance touchante pour ses successeurs, les écueils et les hauts-fonds à éviter, en un mot ne s'avançait qu'en prenant les précautions nécessaires à un voyage d'exploration. Il arriva bientôt à la pointe nord de Terre-Neuve, qu'il nomma Carpont ou Quirpont, le nom s'est conservé, et s'engagea dans le détroit de Belle-Isle entre Terre-Neuve et le Labrador. Il quitta alors Terre-Neuve et reconnut sur les côtes du Labrador de nombreuses baies et îles. Il nomma une de ces baies Brest, et à l'autre ses matelots, par un sentiment légitime de reconnaissance, imposèrent le nom de Jacques-Cartier. Ces dénominations ont aujourd'hui disparu. Brest paraît correspondre à la baie du Vieux-Fort, et Jacques Cartier à celle de Shecatica. Il est fâcheux que les Canadiens n'aient pas conservé ces noms qui rappelaient d'honorables souvenirs.

Tout près de ce dernier port (en général on n'a pas assez remarqué cet incident du voyage), nos Français trouvèrent un grand navire de la Rochelle, armé pour la pêche. Ni le capitaine ni les matelots ne savaient au juste où ils étaient. Cartier les accosta et les remit dans leur chemin. N'est-il vraiment pas curieux de constater que, au moment même où s'accomplissait une expédition officielle, les vaisseaux du roi rencontraient ainsi un navire marchand, qui, sans mission aucune et simplement par esprit d'entreprise commerciale, visitait les mêmes régions? C'est une preuve entre mille que la navigation française devait être dans ces parages beaucoup plus active qu'on le croit communément, et que le nombre des expéditions anonymes était considérable.

Pour un navigateur connu combien d'oubliés! Pour un navigateur dont le souvenir s'est conservé, combien de perdus à tout jamais!

Le pays que longeait Cartier lui semblait peu favorisé. « Si la terre correspondoit à la bonté des ports, écrivait-il, ce seroit un grand bien, mais on ne la doit point appeler terre, mais plustost cailloux et rochers sauvages, et lieux propres aux bestes farouches. D'autant qu'en toute la terre devers le nord, je n'y vis pas tant de terre, qu'il en pourroit tenir en un benneau... Et en somme je pense que ceste terre est celle que Dieu donna à Caïn. » Sur cette côte aride furent rencontrés les premiers indigènes qu'on eut encore aperçus. Ce n'étaient plus ces sauvages qui avaient tant de plaisir à contempler les Européens, et qui les comblaient de cadeaux et de prévenances; c'étaient de vrais barbares, défiants et rusés, réfractaires à la civilisation. Ils étaient et sont encore de forte taille, portent les cheveux attachés au sommet de la tête et traversés par un petit morceau de bois. Des peaux d'animaux les recouvrent, eux et leurs compagnes. Ils sont tatoués. Leurs pirogues sont faites d'écorce. D'ordinaire ils ne viennent à la côte que pour y prendre des loups marins ou des poissons. Cette description est d'une exactitude extraordinaire et s'applique encore trait pour trait aux tribus du Labrador.

Du 13 au 24 juin, Cartier, qui avait repris la direction du sud, s'engagea dans le détroit de Belle-Isle, mais en se rapprochant de la côte occidentale de Terre-Neuve. Il y découvrit successivement, nous donnons les noms actuels, la pointe Riche, les hautes terres du sud de la baie d'Ingornachoix, le cap Tête-de-Vache, Bonne-Baie, la baie des îles et le cap à l'Aiguille. C'est là que le surprit un de ces brouillards intenses, si fréquents et si dangereux à Terre-Neuve, et qui sont la cause de tant d'accidents. De nos jours les navires suspendent leur marche, quand surviennent ces brouillards, ou bien, s'ils sont forcés de la continuer, n'avancent qu'avec les plus grandes précautions. Encore les sinistres sont-ils nombreux! Cartier ne prit seulement pas garde à ce brouillard. Il se contenta d'enregistrer l'incident sur son journal de bord et continua le voyage.

A la pointe des Aiguilles la côte tournait brusquement à l'est. Si Cartier avait continué de la longer, il serait revenu à son point de départ, en constatant que Terre-Neuve était une île; mais il ne jugeait pas sa tâche suffisamment remplie, et, malgré le brouillard, cessa de suivre la côte, et se lança hardiment dans l'ouest.

Cartier en effet ne songeait pas seulement à trouver des îles ou des terres nouvelles. Il avait aussi la noble ambition d'attacher son nom à la découverte de ce fameux passage nord-ouest, qui ouvrirait aux vaisseaux de son pays le chemin de la Chine. Sur ce point il s'était déclaré l'héritier et le continuateur de Verrazano. Aussi toutes les fois que deux îles, en se rapprochant l'une de l'autre, lui permettaient d'espérer qu'entre elles s'ouvrait peut-être le détroit qui conduisait au passage si désiré, il n'hésitait pas à s'y aventurer. C'est sans doute ce qui nous explique pourquoi, voyant la côte s'infléchir au sud-est, il ne voulut pas poursuivre jusqu'au bout sa découverte, et prit la haute mer dans la direction de l'ouest.

Cartier rencontra d'abord d'autres îles, qu'il nomma pour la seconde fois îles des Oiseaux, et qui ont gardé ce nom. Il débarqua ensuite dans une autre île, toute voisine, qu'il nomma Brion, en l'honneur de l'amiral de France, vicomte de Chabot et seigneur de Brion. Cette île était fertile; « de meilleure terre que nous eussions oncques veuë, en sorte qu'un champ d'icelle vaut plus que toute la terre neufve; nous la trouvasmes plaine de grands arbres, de prairies, de campagnes plaines de froment sauvage, et de poix qui estoyent fleuris aussi espais et beaux comme l'on eust peu voir en Bretagne, qui sembloyent avoir esté semez par des laboureurs; l'on y voyoit aussi grande quantité de raisins ayant la fleur blanche dessus, des fraises, roses incarnates, persil, et d'autres herbes de bonne et forte odeur. » Sur les rochers qui bordent l'île on trouva des morses. Cartier les décrit avec naïveté mais exactitude. « A l'entour de ceste isle il y a plusieurs grandes bestes comme grands bœufs, qui ont deux dents en la bouche comme d'un éléphant, et vivent mesmes en la mer. Nous en vismes une qui dormoit sur le rivage, et allasmes vers elle avec nos barques pensans la prendre, mais aussitost qu'elle nous ouyt elle se jetta en mer. »

Au large, en face de l'île Brion, se profilaient de magnifiques rochers que Cartier croyait appartenir au continent. Ce sont les rochers de l'archipel de la Madeleine. Poursuivi par son idée fixe de trouver un passage, et remarquant la force et l'impétuosité de la marée, il se crut arrivé à l'entrée si désirée et s'y engagea résolument. Ce n'était que le passage entre l'île Brion et l'archipel de la Madeleine, mais Cartier écrivait sur son journal de bord avec une sincère émotion : « Je croy par ce que j'ay peu comprendre, qu'il y ait quelque passage entre la Terre-Neufve et la Terre de Brion; s'il estoit ainsi ce seroit pour raccourcir et le temps et le chemin pourveu que l'on peust trouver quelque perfection en ce voyage. » Ainsi que l'écrira plus tard Lescarbot, la perfection que cherchait Cartier eût été de trouver un passage pour aller de là vers l'Orient; mais, pas plus que Verrazano, pas plus que tous ceux qui, après lui, s'engagèrent dans cette voie, Cartier ne devait trouver le passage.

Il est vrai que cette recherche allait être l'occasion de magnifiques découvertes.

En effet, après s'être dégagé du labyrinthe d'îles à travers lesquelles il cherchait vainement un détroit, Cartier, poursuivant sa marche dans la direction de l'ouest, aborda le continent, le 1er juillet, non loin d'un fleuve qu'il appela le fleuve des barques, parce qu'il aperçut quelques pirogues chargées d'indigènes qui fuyaient au plus vite. On croit que ce cours d'eau correspond au Miramichi, qui se jette dans la mer au nord de l'île Saint-Jean, et au sud du Saint-Laurent. La terre était basse et plate : « Neantmoins nous descendismes ce jour en quatre lieux pour voir les arbres qui y estoyent très beaux, et de grande odeur, et trouvasmes que c'estoyent cedres, yfs, pins, ormeaux blancs, fresnes, saulx, et plusieurs autres à nous incogneus, tous neantmoins sans fruit. Les terres où il n'y a point de bois sont très belles, et toutes plaines de poix, de raisin blanc et rouge ayant la fleur blanche dessus, des fraizes, meures, froment sauvage comme seigle qui semble y avoir esté semé et labouré, et ceste terre est de meilleure temperature qu'aucune qui se puisse voir, et de grande chaleur. L'on y voit une infinité de grives, ramiers et autres oiseaux, en somme il n'y a faute d'autre chose que de bons ports. »

Le lendemain, 2 juillet, les Français entrèrent dans un golfe qu'ils nommèrent de Saint-Lunaire. Jusqu'au 6 juillet ils longèrent la côte dans toutes ses sinuosités. Toujours poursuivi par l'idée fixe de trouver un passage, Cartier s'enfonçait dans toutes les baies, faisait le tour de toutes les îles, et naïvement racontait ses déceptions : « Eûmes espoir de trouver le passage, » écrit-il de temps à autre; et plus loin :

« le cap de ceste terre du Su fut appelée cap d'Espérance, pour l'espérance que nous avions d'y trouver passage ». Ce fut dans une de ces excursions qu'ils rencontrèrent les indigènes. Ils n'avaient jusqu'alors aperçu qu'un sauvage qui courait le long de la côte et s'était enfui quand ils essayèrent d'entrer en relations avec lui. Le lundi 6 juillet Cartier et quelques-uns de ses hommes étaient dans la chaloupe; ils venaient de doubler un cap, quand ils tombèrent au milieu de quarante à cinquante pirogues, chargées d'indigènes, qui poussèrent de grands cris à leur vue, pendant que plusieurs d'entre eux, restés à terre, agitaient des peaux fixées au bout de poutres, et, de loin, leur faisaient signe de débarquer. Mais Cartier, malgré son désir d'entrer en relations avec les indigènes, n'osa prendre sur lui de s'aventurer au milieu de cette foule, et vira de bord. Aussitôt sept des barques se mirent à sa poursuite, et, comme elles étaient beaucoup plus légères que la lourde chaloupe, l'eurent bientôt atteinte. Les sauvages se contentèrent de sauter et de pousser des exclamations de joie. On sut plus tard qu'ils souhaitaient la bienvenue aux nouveaux arrivants. Cartier qui ne comprenait pas encore leur langage et avait le sentiment de sa responsabilité ne se fia pas à ces protestations exagérées, et leur fit comprendre qu'ils eussent à se retirer. « Et parce que pour signes que nous fissions, ils ne se vouloyent retirer, laschasmes deux passevolans sur eux, dont espouvantez retournerent vers la susdite pointe faisant très grand bruit, et demeurez là quelque peu, commencerent de rechef à venir vers nous comme devant, en sorte qu'estans approchez de la barque, descochasmes deux de nos dards au milieu d'eux, ce qui les espouventa tellement qu'ils commencerent à fuir en grande haste, et n'y voulurent oncques plus revenir. »

Le lendemain les indigènes se montrèrent de nouveau : cette fois Cartier alla à leur rencontre et envoya deux de ses hommes à terre avec quelques couteaux et ferrements et un chapeau rouge pour leur chef. A cette vue les sauvages, qui d'abord avaient témoigné quelque hésitation, vinrent au-devant de nos Français, et leur donnèrent en échange non seulement des peaux qu'ils avaient en réserve, mais encore celles qui les recouvraient. Leur joie était grande. Ils dansaient, ils se jetaient de l'eau de mer sur la tête, et témoignaient leur allégresse, comme le font tous les peuples enfants, par des gestes exagérés.

Le 8 juillet, Cartier, continuant son voyage, entra dans un golfe immense; croyant toujours trouver un passage, il en parcourut les sinuosités l'espace de vingt lieues, mais, voyant toujours les côtes succéder aux côtes, il revint sur ses pas. La chaleur était très forte. Cartier la comparait à celle qu'on éprouve en Espagne, mais elle n'était qu'accidentelle, car, à cette latitude, le climat est à peu près celui de l'Écosse ou de la Hollande, c'est-à-dire plutôt froid que chaud.

Cette circonstance valut au golfe que parcourait alors Cartier le nom de baie des Chaleurs. Ce nom s'est perpétué jusqu'à nos jours. C'est même une des rares dénominations imposées par le navigateur français que les colons ses successeurs aient conservées. On était alors au plus beau moment de l'année, et, comme l'industrie européenne n'avait pas encore fait disparaître les beaux arbres qui bordaient le rivage, ni régularisé les cours d'eau qui couraient à travers la contrée, le paysage était enchanteur. Presque tous nos voyageurs du seizième siècle ont été sensibles à cette nouveauté fleurie de la région, comme parle Lucrèce, *novitas tum florida mundi*. Ils ont été charmés par les perspectives qui se déroulaient à leurs yeux sur cette terre vierge, et ils nous ont laissé dans leurs relations comme l'écho des sentiments qu'ils éprouvaient. Lorsque l'austère Villegaignon et les rigides Genevois dont il avait fait ses compagnons débarquèrent dans la baie de Rio de Janeiro, ils oublièrent leurs dissentiments et renoncèrent à leurs combats théologiques pour admirer les forêts brésiliennes. Quand Laudonnière abordera en Floride, il décrira avec admiration les rives embaumées de la rivière de May. Cartier de son côté ne reste pas insensible à cette belle nature. « Le pays est le plus beau qu'il est possible de voir, tout esgal et uny, et n'y a lieu si petit où il n'y ait des arbres ombien que ce soyent sablons, et où il n'y ait du roment sauvage qui a l'espy comme le seigle et le grain comme de l'avoine, et des poix aussi espais comme s'ils avoyent esté semez et cultivez, du raisin blanc et rouge avec la fleur blanche dessus, des fraises, meures, roses rouges et blanches, et autres fleurs de plaisante, douce et agréable odeur. Aussi il y a là beaucoup de belles prairies, et bonnes herbes, et lacs où il y a grande abondance de saumons. »

Les indigènes avaient accueilli avec plaisir les nouveaux débarqués. Ils leur offraient avec empressement des vivres, des pièces de venaison, et échangeaient tout de suite, contre de menus objets sans valeur, les magnifiques fourrures qui les couvraient. Prompt à convertir ses espérances en réalités, et désireux de mériter les éloges du roi et de l'amiral, Cartier entreprit aussitôt de les convertir au christianisme. Il n'avait pourtant à bord de ses deux navires ni prêtre, ni moine, car les dimanches et jours de fête, il était obligé de lire lui-même ou de faire lire l'office à ses matelots, mais il commença à leur parler du Christ et de la religion. Les Indiens qui l'entouraient ne comprenaient pas un mot à ses discours, mais ils l'écoutaient bouche béante. Cartier, naïvement satisfait de l'effet produit, s'imagina qu'il serait aisé de convertir d'une façon définitive à la vraie religion un peuple si bien disposé. Il prit leur stupéfaction pour un assentiment à ses paroles, et inscrivit à plusieurs reprises sur son journal de bord les paroles suivantes : « Nous cogneusmes que ceste gent se pourroit aisément convertir à nostre foy. »

Le 12 juillet, convaincu que le fameux passage tant cherché n'existait pas dans le golfe, Cartier remit à la voile et remonta la côte vers le nord; mais les vents devinrent contraires et les brouillards intenses. Un des vaisseaux perdit son ancre, et il fallut chercher un mouillage en remontant un des nombreux cours d'eau qui se jettent sur cette côte. Cartier suivait alors le rivage de la presqu'île, qui sert de limite méridionale au fleuve Saint-Laurent, et s'appelle la Gaspésie. Ce devait être plus tard une des missions les plus célèbres du Canada. Le mauvais temps se prolongea jusqu'au 25 juillet, et il fut impossible aux Français de continuer leur voyage. Ils profitèrent de ce répit forcé pour entrer en relation avec les indigènes. C'étaient de misérables tribus de pêcheurs, à peine couverts de peaux usées. Leur langage différait de celui des autres sauvages. Ils portaient la tête entièrement rasée, sauf une houppe qu'ils laissaient croître comme un panache et flotter au vent ainsi qu'une queue de cheval. Peut-être étaient-ce des Esquimaux descendus au sud pour trouver en plus grande abondance les poissons, qui constituaient leur principale ressource alimentaire. Aussi bien il paraîtrait que les Esquimaux, aujourd'hui resserrés et en quelque sorte ramassés dans leurs glaciales solitudes, s'avançaient autrefois beaucoup plus au sud. Les Skrellinger, dont parlent les

Sagas scandinaves (1), et avec lequels entrèrent en lutte les Northmans, qui au dixième siècle fondèrent en Amérique quelques colonies européennes, n'étaient autres que des Esquimaux, et c'est sur le territoire de New-York, par conséquent bien plus au sud que la Gaspésie, qu'ils se heurtèrent contre les Northmans. Les indigènes que venait de rencontrer Cartier avaient de plus l'habitude, comme le font encore aujourd'hui les Esquimaux en voyage, de ne pas construire de huttes. Ils se contentaient de retourner leurs barques et d'y chercher pendant la nuit un asile pour eux et pour leur famille. De plus, et toujours comme les Esquimaux, ils mangeaient presque exclusivement du poisson, surtout des maquereaux et des harengs.

Cartier gagna la confiance de ces sauvages en leur distribuant des couteaux, des grains de verre et autres menus objets. Le jour de la Madeleine, il alla les trouver dans leur campement improvisé, et fut bientôt entouré par eux. Deux ou trois femmes plus hardies ou plus curieuses étaient restées. Cartier leur donna un peigne et des clochettes d'airain. Elles furent charmées de ce présent, et remercièrent le capitaine en lui frottant les bras et la poitrine. La générosité de Cartier détermina les sauvages à chercher dans les bois d'alentour leurs autres compa-

(1) E. Beauvois. *Les Skrælings, ancêtres des Esquimaux.* (Revue orientale et américaine, 1879.)

gnes. Une vingtaine d'entre elles se décidèrent, et elles furent récompensées de leur courage par une distribution de clochettes.

Depuis plusieurs semaines déjà durait le voyage. Cartier et ses compagnons commençaient à être fatigués. Il leur tardait de rentrer en France et d'y porter la nouvelle de leurs découvertes. Ils devaient auparavant, par un symbole matériel, prendre possession au nom de la France des terres qu'ils venaient de visiter. C'était un usage auquel ne manquaient jamais les navigateurs. Cartier qui voulait à la fois perpétuer le souvenir de son voyage et de ses projets de conversion, et faire en quelque sorte profession de bon Français et de bon chrétien, associa le patriotisme à la religion en ordonnant d'ériger, à l'entrée du fleuve qui lui avait donné asile, une croix en bois, haute de trente pieds, au milieu de laquelle fut planté un écusson, relevé par trois fleurs de lys, et portant ces mots entaillés : vive le roi de France ! A peine était-elle dressée que tout l'équipage se mit à genoux et pria. Étonnés de cette scène grandiose, les indigènes regardaient avec curiosité. Pendant toute la cérémonie ils gardèrent un silence respectueux. Il parait cependant qu'ils finirent par comprendre le sens de cette prise de possession, car le chef de ces sauvages vint avec ses trois fils et un de ses frères sur une barque, « lesquels ne s'approcherent si pres du bord comme ils avoyent accoustumé, et y fit une longue harengue monstrant ceste croix, et faisans le signe d'icelle avec deux doigts. Puis il monstroit toute la terre des environs, comme s'il eust voulu dire qu'elle estoit toute à luy, et que nous n'y devions planter ceste croix sans son congé. » Cartier le fit monter à bord, et lui donna à manger; puis il lui expliqua que cette croix n'était qu'un signe de reconnaissance, car il avait l'intention de bientôt revenir, et d'apporter à ses nouveaux amis du fer, des instruments et tout ce qui leur plairait. Il lui demanda en même temps de vouloir bien lui confier deux de ses fils, qu'il s'engagea à lui ramener bientôt. Tel était en effet l'usage des voyageurs d'alors. Ils ramenaient toujours en Europe de gré ou par violence quelque naturel des régions par eux découvertes, qui servait en quelque sorte de preuve vivante à leurs voyages. Le cacique hésitait, mais Cartier fit donner à ses deux enfants une chemise, un sayon de couleur et une toque rouge, et leur mit à chacun une chaîne de laiton au cou. Ce nouveau costume les enchanta tellement qu'ils se décidèrent à rester sur le navire, et partagèrent entre leurs compagnons leurs fourrures et leurs armes. Cartier distribua également des présents à tous les autres Indiens et les renvoya à terre. La nouvelle du prochain départ des deux enfants du cacique se répandit promptement. De nombreuses pirogues se détachèrent aus-

(1) Voir plus haut, voyage de Gonneville, p. 103.

sitôt du continent. Elles portaient les amis des deux Indiens qui venaient leur dire adieu.

Le lendemain et les jours suivants Cartier reprit sa marche. Les navires longeaient alors la côte actuelle de la Nouvelle-Écosse. On découvrit différents caps auxquels on donna les noms de Saint-Louis et de Montmorency. Toujours préoccupé par son désir de trouver un passage, Cartier visitait soigneusement la côte, espérant toujours qu'elle s'ouvrirait à ses ardentes investigations; mais les rivages succédaient aux rivages, et rien ne faisait prévoir qu'on rencontrerait le détroit tant cherché.

En remontant vers le nord, Cartier s'approchait de l'embouchure du Saint-Laurent. C'est une des régions les plus dangereuses de l'Océan. Le grand fleuve, emporté à la mer par la rapidité de la pente, roule une masse énorme d'eaux froides qui rencontrent brusquement les eaux chaudes du Gulf stream. Une sorte de combat s'établit, et tout l'espace compris entre Terre-Neuve et le continent est le théâtre de brusques changements de température, et de soudaines variations, selon que l'emporte le fleuve ou le courant marin. Notre capitaine ignorait ces particularités, mais la force de la marée le frappait d'étonnement et la violence des vents empêchait son navire d'avancer. De plus les vivres commençaient à s'épuiser. Il assembla ses équipages, leur communiqua ses craintes, et finit par leur proposer de retourner en France. « Mesme que les tempestes commençoyent à s'eslever en ceste saison en la terre Neufve, que nous estions de lointain pays, et ne sçavions les hasards et dangers du retour, et pour ce qu'il estoit temps de se retirer, ou bien s'arrester là pour tout le reste de l'année. Outre cela nous discourions en ceste sorte, que si un changement de vens du nord nous surprenoit qu'il ne seroit possible de partir. Lesquels advis ouys et bien considerez nous firent entrer en deliberation certaine de nous en retourner. » On était alors au jour de Saint-Pierre. Cartier donna le nom du saint au détroit dans lequel il se trouvait. Ce détroit a gardé son nom. Il s'étend du cap Gaspé à l'île d'Anticosti. Il chercha ensuite à doubler le cap pour prendre la direction de l'est et revenir à Terre-Neuve.

Arrivés au cap, les Français aperçurent de la fumée. Comme le vent soufflait de la côte, ils n'osèrent pas aborder, mais douze indigènes se détachèrent avec leurs pirogues, et accostèrent le navire sans le moindre embarras, « aussi librement comme si ce fussent esté François ; » ce qui laisse supposer qu'ils connaissaient déjà nos compatriotes et prouve une fois de plus que les voyages clandestins avaient depuis longtemps précédé les explorations officielles. Ces sauvages apprirent à Cartier que leur cacique se nommait Tiennot. On aura remarqué ce nom de Tiennot ou Étiennot, qui a une allure toute française. Est-ce donc qu'un de nos compatriotes avait été jeté par les hasards d'une vie aventureuse sur cette partie du continent américain, et la colonisation du Canada par la France avait-elle commencé? Nous n'avançons ici, bien entendu, qu'une hypothèse, et rien ne la justifie qu'une assonance, peut-être due au seul hasard. Cartier nomma ce cap le cap Tiennot. Il paraît correspondre au mont Joli de nos jours.

Du cap Tiennot les Français se dirigèrent sur Terre-Neuve, doublèrent l'île au nord, et, sans encombre, traversèrent l'Atlantique. Le voyage de retour dura du 15 août au 5 septembre. Il fut d'une rapidité exceptionnelle. A grand'peine de nos jours les meilleurs voiliers accomplissent la même traversée dans le même temps. Il faut que Cartier ait, du premier coup, trouvé la route la plus directe et qu'il y ait maintenu son navire avec une précision mathématique : ce qui dénoterait en lui des connaissances scientifiques toutes spéciales.

De Saint-Mâlo on était parti; à Saint-Mâlo on revint. Le voyage avait en tout duré cent quarante-sept jours, du 20 avril au 5 septembre 1534, et, certes, il avait été fécond en résultats de tout genre. On avait reconnu une partie des côtes de Terre-Neuve, longé le Labrador, découvert toutes les îles semées dans le golfe du Saint-Laurent, et longé la côte de la Nouvelle-Écosse. Partout on était entré en relations avec les indigènes, auxquels on avait annoncé le prochain retour des navires, et on avait pris possession du pays au nom de la France. De magnifiques destinées s'ouvraient alors devant nous. Pour la première fois se présentait l'occasion, tant de fois renouvelée depuis et tant de fois perdue, de fonder un empire colonial et de créer au-delà des mers une France nouvelle. Les contemporains, bien avisés, ne la laissèrent pas échapper, et l'annonce des découvertes de Cartier excita dans tous les esprits une généreuse émulation.

CHAPITRE IV.

Cartier ne resta pas longtemps inactif. Il avait adressé au roi et à l'amiral la relation de ses découvertes, et s'était retiré dans sa maison de campagne de Limoilou, attendant paisiblement qu'on voulût bien s'adresser de nouveau à lui. Sa relation, écrite avec une simplicité de bon goût, avait eu du retentissement. De même qu'après le premier voyage de Colomb, plusieurs nobles Castillans s'enthousiasmèrent pour ce nouveau genre de croisade, qui promettait à la fois gloire et fortune, et voulurent l'accompagner dans sa seconde exploration, ainsi plusieurs cadets de famille ou riches bourgeois demandèrent à Cartier de vouloir bien les associer à ses périls et à ses profits. L'amiral de Brion-Chabot, enchanté de l'heureuse issue de l'expédition et fier de son protégé, décida sans peine le roi à équiper une nouvelle escadre, plus importante que la précédente, et dont la direction serait encore confiée à l'heureux Malouin. Il s'agissait cette fois non plus seulement d'observer la côte, mais de s'enfoncer dans l'intérieur du continent; non plus d'entrer en relations temporaires avec les indigènes, mais de s'établir au milieu d'eux, à poste fixe, et, tout en les réduisant à l'obéissance envers le roi, de les convertir en même temps au catholicisme. Le premier voyage de la sorte n'aurait été qu'un voyage préparatoire : du second seulement on attendrait des résultats sérieux.

Jacques Cartier paraît avoir accepté avec empressement la proposition de l'amiral. Il n'était pas de ceux qui aiment à se reposer, quand ils jugent que leur mandat n'est pas entièrement rempli. Aussi bien, dans cet héroïque seizième siècle, il y avait tant de vie, tant d'activité, tant de mouvement qu'on ne savait rester en place. Malgré les fatigues de son précédent voyage, et à peine eut-il obtenu l'autorisation royale que Cartier commença tout de suite ses préparatifs de départ. Ce qui ne l'empêchait pas de s'employer aux affaires de la municipalité de Saint-Malo, car, le 8 février 1535 il était envoyé à Dinan, en compagnie de Charles Cheville pour prier le capitaine de la Tousche de prendre en main les intérêts malouins dans un procès (1) et les 22 et 27 février de la même année il assistait à l'assem-

(1) Joüon des Longrais, ouv. cité, p. 18.

blée générale des bourgeois, où l'on s'occupait d'une collision entre les gens de la ville et les soldats de la garnison, et où on prenait des mesures préventives contre la peste qui venait d'éclater (1). Cartier ne négligeait pas pour autant ses propres affaires : la commission royale qui l'instituait chef de l'expédition est du 30 octobre 1534 (2), sept semaines seulement après son arrivée. Le 30 mars 1535 (3) ses équipages étaient rassemblés, comme le démontre un curieux document (4) « *l'incertion desdits maistres compaignons mariniers et pillotes* », et le 19 mai de la même année la flottille française prenait la mer (5).

Cette flottille se composait de trois vaisseaux : le plus considérable, *la Grande Hermine*, jaugeait cent vingt tonneaux. Cartier y avait arboré son pavillon amiral. Un certain nombre de gentilshommes l'accompagnaient. On a conservé le nom de ces

(1) Joüon des Longrais, ouv. cité, p. 20.

(2) Ramé, ouv. cité, p. 7.

(3) Id., p. 9.

(4) Id., p. 10.

(5) Les équipages ne furent pas rassemblés sans quelque difficulté. A l'assemblée générale des bourgeois de Saint-Malo, qui eut lieu le 3 mars 1535, un certain Cronier « a remonstré que ledit Cartier a fait arrester les navires de ceste dicte ville, demendant que il ayct à choisir à esgard de gens de navires tel qu'il luy plaira pour ce que la saison vient pour aller en Terre-Neuve. » (Cf. Joüon des Longrais, p. 22) : mais de nombreux volontaires s'étaient déjà présentés, et Cartier n'eut pas besoin de recourir à sa commission royale pour composer ses équipages.

pionniers de la civilisation française en Amérique. Le plus élevé en dignité paraît avoir été Claude de Pont-Briant, fils du sieur de Montrevelle et échanson du Dauphin. Nous citerons encore Charles de la Pommeraye, Thomas Fourmont, dit de la Bouille maître d'équipage, et un riche bourgeois Jean Poulet. Le second navire, du port de soixante tonneaux, se nommait *la Petite Hermine* : il était commandé par Macé Jalobert et Guillaume le Marié. Le troisième navire, *l'Émerillon*, ne jaugeait que quarante tonneaux environ. Il était commandé par Guillaume Lebreton, Bastille, et Jacques Maingart. Voici les noms des autres officiers et matelots de l'expédition : Ils ont été à la peine : qu'ils soient à l'honneur : Dom Guillaume le Breton et dom Antboine, les deux aumôniers, et par conséquent les deux premiers apôtres du Canada; Laurent Boulain, Estienne Nouel, neveu et filleul de Cartier, Pierre Esmery, Hervé, Pommerel, Audiepvre qui devait plus tard épouser une nièce par alliance de Cartier, Saubosq, Cobaz, Saumur, l'apothicaire Guitault, Mabille, le charpentier Sequart, le barbier Ripault, Le Tort, Guillot, Esnault, Dabin, Dunort, Golet, Boulain, Philippot, Hamel, Fleury, Guilbert, Barbé, Bochier, Gaillot, Eon, Anthoine, Maingard, Maryen, Apvril, Ruffin, Olivier de Guernezé, Grossin, Alliecte, le fourreur Jehan Davy qui sans doute voulait connaître par lui-même le pays des fourrures, le trompette Le Marquier, Gentilhomme, Raoul Maingard, Duault,

Henry, le Gal, Antoine Aliecte, Colas, Rinseau, Thomas, du Boys, Plancouet, Go, Jehan le Gentilhomme, Dougnan, Aismery, Maingard, Clavier, Rion, Jac, Nyel, Estienne le Blanc, Pierre, Coumyn, des Granches, Louis Donayren, Coupeaux et Pierre Jonchée. Ce sont les seuls noms qui aient été conservés : mais ils ne comprennent que ceux des matelots recrutés à Saint-Malo. Ils sont loin de représenter tous ceux qui passèrent au Canada en 1535 avec Cartier, puisque à la fin de décembre de la même année, on comptait encore, malgré quelques pertes, cent dix présents (1).

Fidèle à ses convictions religieuses et désireux d'appeler sur l'expédition les bénédictions célestes, Cartier avait demandé à tous ses hommes, avant de partir, un acte de foi solennel. Le dimanche 16 mai 1535, jour de la Pentecôte, les équipages des trois navires, officiers en tête, s'agenouillèrent dans la cathédrale de Saint-Malo, et l'évêque de cette ville, François Bohier, leur donna la communion, puis il les réunit dans le chœur, et, après les avoir encouragés par quelques bonnes paroles, les bénit solennellement.

Trois jours plus tard, le mercredi 19 mai, les trois navires profitant d'un vent favorable sortaient de Saint-Malo, passaient entre la côte et les Minquiers, et bientôt la patrie disparaissait à leurs yeux. Ils

(1) *Relation du voyage*, p. 5, 22, 35.

furent presque aussitôt assaillis par une violente tempête, qui les empêcha de voguer de conserve. Le 26 juillet seulement ils se retrouvaient au rendez-vous assigné, sur les côtes de Terre-Neuve à l'île des Oiseaux, aujourd'hui Funk Island.

Après avoir réparé leurs avaries, les trois navires se dirigèrent vers le continent. Cartier étudia avec le plus grand soin les diverses îles qui sont comme semées à l'embouchure du Saint-Laurent, entre autres l'île Anticosti, qu'il nomma île de l'Assomption. Ayant remarqué que les eaux douces ne se mêlaient pas aux eaux salées, il en conclut qu'un fleuve immense se jetait dans ce golfe. En effet les indigènes interrogés à ce sujet lui dirent qu'un cours d'eau gigantesque, que personne encore n'avait remonté jusqu'à sa source, se jetait dans le golfe. Cartier nomma ce golfe le Saint-Laurent, ce qui, insensiblement, fit donner le même nom au fleuve qui s'y décharge. Toujours préoccupé par la pensée de trouver un passage entre les deux Océans, Cartier ne voulut pas s'engager dans la région baignée par ce fleuve sans avoir auparavant cherché s'il ne découvrirait pas quelque détroit. Dans son premier voyage il avait étudié la côte sud : il voulut cette fois explorer la côte nord; mais il renonça bientôt à cette idée malencontreuse, et revint au Saint-Laurent, qu'il se disposa à remonter.

Tous les indigènes que rencontrait Cartier lui parlaient avec admiration d'une cité nommée Hochelaga, qui, paraît-il, était située dans l'intérieur du pays, et dont le souverain exerçait sur les tribus d'alentour une sorte de souveraineté. Pensant avec raison que, s'il parvenait à lier amitié avec le cacique d'Hochelaga, il obtiendrait plus facilement la permission de fonder un établissement, et entrerait en relations régulières avec les indigènes, notre capitaine voulut aller à Hochelaga. C'était la tactique qui avait si bien réussi à Cortez, au début de son expédition : négliger les petits princes qu'il rencontrerait sur son chemin, et se rendre directement auprès du plus puissant personnage de la contrée. Les trois navires remontèrent donc le fleuve. Nous ne les suivrons pas dans toutes leurs haltes; nous ne décrirons pas toutes les îles qu'ils découvrirent, et auxquelles, d'après l'usage constant des navigateurs, ils imposèrent des dénominations empruntées ou à la religion ou à la patrie absente. Une d'entre elles, l'île d'Orléans, a conservé le nom que lui donna Cartier. Près de cette île, à l'embouchure d'une rivière qu'il nomma Sainte-Croix à cause de la fête qu'on célébrait le même jour, 14 septembre, les sauvages d'une peuplade voisine, nommée Stadaconé, accoururent au nombre de plus de cinq cents, avec leur chef, un certain Donnaconna. Ce dernier visita plusieurs fois Jacques Cartier et put même s'entretenir avec lui par l'intermédiaire des deux interprètes indigènes, que le capitaine avait ramenés de France avec lui. Donnaconna qui aurait voulu être le seul à profiter des avantages qu'il se promettait du séjour des étrangers dans le pays, le combla de présents, mais en le suppliant de renoncer à ce projet d'aller à Hochelaga « parce que la riviere ne valloit riens. »

Comme Cartier ne tenait aucun compte de cet avis intéressé, le cacique s'avisa d'un singulier stratagème. Il fit habiller trois de ses hommes en diables, avec des peaux de chien blanches et noires, et des cornes énormes. Ces prétendus messagers du grand Dieu, Cudragni, annoncèrent à Cartier, avec force contorsions et grimaces, que, s'il persistait à aller à Hochelaga, il s'en repentirait. « Il y avoit tant de glaces et de neiges qu'ilz mourroient tous. Desquelles parolles nous prinsmes tous à rire, et leur dire que leur dieu Cudragny n'estoit que ung sot, et qu'il ne scavoit qu'il disoit, et qu'ilz le disent à ses messagiers, et que Jesus les garderoit bien du froid s'ilz luy vouloient croire. » Donnaconna prit alors le parti de défendre aux deux sauvages venus de France d'accompagner Cartier dans son voyage, bien que ce dernier assurât qu'il ne ferait que voir Hochelaga, et reviendrait aussitôt.

Fatigué par ces mesquines intrigues, dont il comprenait très bien la portée, Cartier se décida à passer outre. Il laissa en rivière ses deux plus gros vaisseaux, *la Grande* et *la Petite Hermine*, et, le 19 septembre, partit sur l'*Émérillon* avec tous les gentilshommes volontaires, cinquante mariniers et deux barques. Du 19 au 28 septembre l'*Émérillon* et les deux barques remontèrent paisiblement le fleuve, « durand lequel temps avons veu et trouvé d'aussi beau pays et terres aussi unyes que l'on scauroit desirer, plaine comme dict est des beaulx arbres du monde, scavoir chesnes, hormes, noyers, cedres, pruches, fresnes, briez, saudres, oziers et force vignes, lesquelles avoient si grand habondance de raisins que les compagnons en venoient chargez à bort. Il y a seulement force grues, signes, oultardes, oyes, cannes, allouettes, faisans, perdrix, merles, mauvis, teurtres, chardonnereulx, serins, roussignolz, passes solitaires, et autres oyseaulx, comme en France, et en grand habondance. » Cartier et ses compagnons croyaient naviguer sur un des fleuves du pays natal. Malgré les sinistres prédictions de Donnaconna, la température se soutenait, et rien ne semblait indiquer un changement de climat. La navigation était facile et même agréable. Le Saint-Laurent est en effet navigable pour les plus grands vaisseaux jusqu'à Québec, à 150 lieues de son embouchure, navigable pour les navires qui jaugent 600 tonneaux jusqu'à Montréal à 60 autres lieues, et sur presque tout son cours, il peut être sillonné par des bateaux à vapeurs ou par des bâtiments de 200 à 300 tonneaux. Le flux de la mer est sensible jusqu'aux Trois Rivières, à trente lieues au-dessus de Québec. Dans ce port les marées s'élèvent à un maximum de sept mètres et à une élévation moyenne de quatre mètres. Rien donc n'arrêtait nos explorateurs, et, comme tous les indigènes qu'ils interrogeaient sur leur passage leur parlaient du voisinage de plus en plus immédiat de Hochelaga, la pensée de visiter bientôt cette capitale les transportait d'aise.

Un jour pourtant Cartier éprouva une contrariété. Il était parvenu à la partie du fleuve qu'on appelle le lac Saint-Pierre, à cause de l'énorme écartement de ses rives. Deux chenaux conduisent à ce lac : l'un, le chenal du nord, qui est embarrassé par de nombreuses cascades, et l'autre, le chenal du midi, qui est la véritable route. Cartier, qui n'était guidé par personne, s'engagea au hasard dans le chenal du nord et se vit bientôt arrêté par les cascades. Ne voulant pas revenir sur ses pas, il abandonna l'*Émérillon,* ou du moins le confia à un de ses officiers pour le reconduire à Stadaconé, et, avec les deux barques qu'il chargea de vivres et de munitions, continua sa marche en avant. Chemin faisant les Français rencontrèrent des sauvages qui leur apportèrent du poisson et d'autres vivres, témoignant par leurs danses la joie qu'ils éprouvaient de la venue des étrangers. Cartier, pour les attirer et les retenir, leur distribuait de petits couteaux, des miroirs, des chapelets, qui, par leur nouveauté, causaient à ces barbares une véritable satisfaction. Il les interrogeait anxieusement sur les ressources et les productions de la contrée, et enregistrait avec soin tous les renseignements recueillis.

Le 2 octobre, les Français arrivèrent enfin près de Hochelaga. La vue des barques françaises avait excité l'étonnement et piqué la curiosité des indigènes. Ils étaient accourus, au nombre de plusieurs centaines, et, quand les Français débarquèrent, ils leur firent un accueil empressé « aussi bon que jamais pere feist à enfant, menant joye merveilleuse. Car les hommes en une bande dansoyent. Les femmes d'aultre et les enfans de l'aultre : et apres ce nous apporterent force poisson et de leur pain faict de gros mil, qui gettoient dedans nos dictes barques, en sorte qu'il sembloit qu'il tombast de l'aer. Voyant ce, nostredict cappitaine descendit à terre avec plusieurs de ses gens. Et si tost qu'il fut descendu, se assemblerent tous sur luy et sur tous les autres, en faisant une chaire inestimable; et apporterent leurs enfans à brassées pour les faire toucher audict cappitaine et autres. » Ému par ces témoignages tout spontanés de bonne volonté, Cartier fit ranger et asseoir toutes les femmes et leur distribua des chapelets d'étain et autres menus objets. Il donna aussi des couteaux à une partie des hommes, puis il se retira à bord des barques pour souper et passer la nuit. Les indigènes restèrent sur les bords du fleuve, où ils allumèrent des feux de joie, et dansèrent toute la nuit en poussant des cris.

Le lendemain dimanche, de grand matin, Car-

tier, revêtit son habit d'ordonnance et fit mettre en ordre ses gentilshommes et ses mariniers, afin d'aller visiter Hochelaga et de reconnaître la montagne au pied de laquelle était située la capitale indigène. Il laissa huit matelots pour garder les barques et partit avec les autres Français, sous la conduite de trois guides. Dans leur marche ils furent agréablement surpris de trouver le chemin aussi battu que le serait une route ordinaire dans un pays civilisé. La plaine était fertile, parsemée de bouquets de chênes, au pied desquels le sol était comme jonché de glands. Après une lieue et demie de marche, ils rencontrèrent un des principaux d'Hochelaga et plusieurs autres indigènes, qui les attendaient près d'un feu allumé en leur honneur. Le sauvage leur adressa une harangue pour lui exprimer sa joie. Cartier lui donna deux haches et deux couteaux, et aussi, car il n'oubliait jamais sa mission religieuse, une croix sur laquelle était l'image du divin crucifié.

Au milieu de champs et de vergers se dressait Hochelaga. Elle était bâtie au pied d'une montagne que les Français nommèrent Montroyal. Le nom s'est conservé, ou du moins il s'est peu modifié. Montréal, qui occupe aujourd'hui l'emplacement d'Hochelaga, est une des principales villes de la région. Hochelaga était à vrai dire la première ville que rencontraient nos compatriotes depuis leur sortie de Saint-Malo. Ramusio, ce collectionneur italien qui, dès la fin du seizième siècle, a réuni dans ses précieux volumes les relations des principaux voyages contemporains, a donné un plan de Hochelaga, qui s'accorde avec la description de Cartier. Hochelaga avait la forme ronde. Elle était dans son pourtour défendue par une palissade en bois, et l'assemblage des diverses pièces de la charpente donnait à la coupe de cette clôture l'apparence d'une pyramide. Elle avait trois parties, celle d'en bas disposée en talus, celle du milieu formant une ligne, ou plutôt une galerie sur laquelle s'installaient les défenseurs de la place, et celle d'en haut composée de madriers qui se croisaient avec les pièces de bois de l'intérieur. C'était un essai de fortification, analogue à celui des Germains de l'antiquité, tel qu'on peut encore l'étudier sur les bas-reliefs de la colonne Trajane. Le tout avait la hauteur d'environ deux lances, c'est à dire six à sept mètres. On y n'entrait que par une seule porte qu'on fermait le soir. Sur cette porte ainsi que sur les galeries étaient disposés, en cas d'attaques, des pierres et des gros cailloux. Cette clôture renfermait environ cinquante maisons, longues chacune de cinquante pas, et larges de douze à quinze, toutes construites en bois, et recouvertes d'écorces artistement cousues les unes aux autres. Chaque maison se divisait en plusieurs pièces. Dans le haut était un grenier pour serrer les provisions. Il y avait aussi de grands vaisseaux de bois, semblables à des tonnes, où l'on conservait des poissons, surtout des anguilles; après les avoir desséchés on les fumait. Les indigènes avaient encore en grande estime un coquillage nommé esergui, qu'ils se procuraient d'une singulière façon. Les criminels qui ont mérité la mort ou les prisonniers de guerre sont assommés, puis incisés sur les bras et les jambes, et descendus dans le fleuve à l'endroit où l'on présume que se tient l'esergui. Après dix à douze heures de séjour, on retire les cadavres, et dans les incisions sont logés ces eserguis, que l'on recueille avec soin, et dont on fait de précieux colliers.

Cartier remarqua aussi chez les indigènes de Hochelaga un très singulier usage, qu'il décrivit avec naïveté. Nous avons depuis emprunté cet usage aux Indiens : c'est celui du tabac. Qu'il nous soit à ce propos permis de détruire ou tout au moins de discuter une opinion mal fondée. Nous avons tous lu et sans doute répété que ce fut un ambassadeur de France à la cour de Portugal, Jean Nicot, qui rapporta, fit connaître et répandit en France le tabac. Un des compagnons de Villegaignon au Brésil, le cordelier Thevet, avait déjà, dans sa *Cosmographie universelle*, qui parut en 1575, protesté contre cette usurpation : « Ils ont une herbe fort singulière, qu'ils nomment petun, laquelle est très utile à plusieurs

(1) THEVET, *Cosmographie universelle*, t. II, p. 926.

choses... Je me puis vanter avoir été le premier en France qui a apporté la graine de ceste plante et pareillement semée, et nommé la dite plante l'herbe augoumoisine. Depuis un quidam qui n'a feit jamais le voyage, quelque dix ans après que je fus de retour de ce pays, luy donna son nom. » Certes la réclamation de l'excellent Thevet paraît fondée, et c'est à lui, nullement à Nicot, qu'il faut attribuer l'honneur d'avoir répandu le tabac en France. Mais, même avant Thevet, Cartier avait signalé la précieuse plante et ses principaux effets. Voici en effet le passage textuel de sa relation de voyage : « Ils ont aussi une herbe de quoy ilz font grand amastz l'esté durand pour l'hiver. Laquelle ils estiment fort et en usent les hommes seulement en façon que ensuit. Ilz la font seicher au soleil, et la portent à leur col en une petite peau de beste en lieu de sac, avec ung cornet de pierre ou de boys; puis à toute heure font pouldre de la dicte herbe, et la mettent en l'ung des boutz dudict cornet, puis mettent ung charbon de feu dessus, et sussent par l'autre bout, tant qu'ils s'emplissent le corps de fumée, tellement qu'elle leur sort par la bouche, et par les nazilles, comme par ung tuyau de cheminée : et disent que cela les tient sains et chauldement, et ne vont jamais sans avoir ces dictes choses. Nous avons esprouvé la dicte fumée, après la quelle avoir mis dedans notre bouche, semble y avoir mis de la pouldre de poyvre tant est chaulde. »

Dès 1535 Cartier était donc le premier de nos fumeurs français, et il éprouvait, en portant à sa bouche l'instrument qui n'avait pas encore de nom, la désagréable impression qu'éprouvent toujours les fumeurs novices. Sans doute il n'importa pas en France la précieuse denrée, et ce n'est pas lui qui procura à beaucoup de nos compatriotes de vraies jouissances, et à notre budget la plus sûre de ses ressources, mais n'est-il pas curieux de constater, au point de vue de l'exactitude historique, que le découvreur du Canada est en même temps le plus ancien des fumeurs français?

Les trois sauvages qui servaient de guides à nos compatriotes les conduisirent au milieu d'Hochelaga, dans une place carrée, grande de chaque côté d'un jet de pierre environ, et environnée de maisons. Il les prièrent de s'y arrêter. Aussitôt femmes et filles de s'assembler dans la place, la plupart d'entre elles chargées d'enfants qu'elles tenaient entre leurs bras et sur leurs épaules, et toutes se mirent à leur donner les marques d'amitié ordinaires à ces peuples, pleurant de joie, et les invitant par signes à caresser leurs enfants. Il était évident qu'avec cette touchante confiance qui jeta tous les Américains au devant des Européens, et cela d'un pôle à l'autre, ils prenaient les Français pour des êtres d'une nature supérieure, et cherchaient à se concilier leurs bonnes grâces. Aussi bien de constantes traditions les avaient entretenus dans la pensée qu'un jour arriveraient de l'occident des hommes blancs et barbus qui leur apporteraient les bienfaits d'une meilleure santé et d'une civilisation plus avancée. Ces traditions que Colomb, Cortez, Balboa et les autres explorateurs du seizième siècle rencontrèrent partout sur leur passage dans les deux Amériques étaient également répandues dans le pays que visitait Cartier, et c'est sans doute ce qui explique l'empressement des indigènes auprès de nos compatriotes.

Les femmes se retirèrent bientôt et alors parurent les hommes qui « se assirent sur la terre à leutour de nous, comme si eussions voulu jouer ung mystere ». Le cacique parut à son tour porté par neuf ou dix hommes. Il se nommait Agouhanna. Il avait environ cinquante ans. Rien dans ses vêtements ne le distinguait de ses sujets, sinon qu'il portait autour de la tête, en guise de couronne, une sorte de lisière rouge faite de poils de hérisson. Après qu'il eut salué Cartier et ses compagnons, en leur témoignant par des gestes expressifs, qu'il était enchanté de sa venue, il lui fit comprendre qu'il était perclus de tous ses membres et le supplia de le toucher pour le guérir. « Et tout incontinent furent amenez audict cappitaine plusieurs malades, comme aveugles, borgnes, boisteulx, impotens et gens sy tres vieulx que les paupieres des yeux leur pendoyent jusque sur les joues : les seant et couchant auprés de nostre dict cappitaine pour les toucher : Tellement qu'il sembloit que Dieu feust la descendu pour les guerir. » Les sauvages en effet, même à l'heure actuelle, restent persuadés que tous les Européens sont d'habiles médecins. Dans les profondeurs mystérieuses de l'Afrique intérieure Livingstone ne dut son ascendant inouï sur les barbares qu'à la croyance où ils étaient de sa science médicale. Les demi-civilisés eux-mêmes acceptent cette supériorité. Ainsi, dans les montagnes du Laos, lors de l'exploration de l'Indo-Chine sous la direction de Doudart de la Grée et Francis Garnier, le médecin de l'expédition, le docteur Joubert, voyait chaque matin sa porte assiégée par des centaines de malades, persuadés que son simple attouchement allait les guérir. Tel était le secret espoir des indigènes qui entouraient Cartier. Ce dernier ne se déconcerta pas. Il frotta gravement les bras et les jambes du cacique malade, qui, par reconnaissance, lui donna sa couronne, puis, comme le nombre des malades augmentait, et que d'un autre côté notre capitaine ne perdait pas de vue la conversion projetée des indigènes, il agit en cette circonstance comme eût agi le plus pieux et le plus zélé des missionnaires. Il fit le signe de la croix sur tous les malades; et leur lut à haute voix la passion du Christ : « Sy que tous les assistants le peurent ouyr, ou tout ce pauvre peuple feirent une grand silence et feurent merveilleusement bien entendibles, regardans le ciel et faisans pareilles cerimonyes qu'ilz nous veoient faire. »

Cartier fit ensuite ranger les hommes d'un côté, les femmes et les enfants de l'autre, distribua aux hommes des couteaux, aux femmes des chapelets, et jeta aux enfants des agnus Dei et des bagues. Pour terminer sa visite, il ordonna à ses gens de sonner de la trompette et de jouer d'autres instruments de musique; ce qui, par sa nouveauté frappa les sauvages d'étonnement et d'admiration.

Certains écrivains (1) mal inspirés ou systématiquement hostiles ont avancé, au sujet de ces cadeaux, que Cartier les avait distribués aux sauvages comme autant de charmes sacrés, qui guérissaient infailliblement de toutes les maladies. Ils ont essayé de le faire passer pour un hypocrite qui aurait caché son avarice sous le manteau de la religion. Rien pourtant, dans la relation de Cartier, n'autorise de pareilles insinuations. Cartier ne pouvait seulement pas se faire comprendre des indigènes : il n'eut donc pas à leur expliquer la vertu cachée des rosaires ou des agnus Dei. Sincèrement et du fond du cœur il priait Dieu d'éclairer ces barbares, mais il ne cherchait pas à leur vendre des talismans. Son cœur était trop généreux et son âme trop bien située pour se permettre de pareilles vilenies!

A la sortie d'Hochelaga, Cartier fut conduit sur la montagne voisine. Arrivé sur la hauteur, il prit con-

(1) Cf. *Histoire générale des voyages*, t. XIII, p. 27. — *Histoire géographique de la Nouvelle-Ecosse*, 1755.

naissance du pays. Il admira la beauté des alentours comme aussi le cours majestueux et la largeur du grand fleuve qui se perdait à l'horizon. Ses guides lui firent comprendre par signes que trois cascades, en amont d'Hochelaga, embarrassaient le cours du Saint-Laurent. Ce sont en effet les rapides que l'on désigne aujourd'hui sous les noms de sauts Sainte-Marie, Grandes-Cascades et Grand-Saut. Cartier désirait savoir la distance qui séparait ces rapides les uns des autres, mais ni lui, ni aucun des siens ne put comprendre la réponse qu'il reçut. Il crut seulement entendre que, ces sauts une fois passés, on pouvait encore naviguer sur le fleuve pendant trois mois (1).

Les sauvages, sans que Cartier leur eût fait aucune question, prirent la chaîne d'argent de son sifflet, et un poignard dont le manche de laiton brillait comme

(1) Voir dans Hackluyt (*Principall Navigations*, t. III, p. 242) les deux lettres écrites par le neveu de Cartier, Jacques Nouel, à Jean Groote, étudiant à Paris, relativement à la découverte des Sauts. Ces lettres, traduites en anglais, ont été retraduites en français, et insérées dans les mémoires de la Société historique et littéraire de Québec (1843, p. 97-101). M. Joüon des Longrais (p. 145-148) en a donné une nouvelle édition. Voici le passage le plus important de la première lettre : « J'ai été sur le haut d'une montagne qui est au pied desdits sauts, d'où j'ai pu voir ladite rivière au delà desdits sauts ; laquelle se montre plus large qu'elle n'est en l'endroit où nous l'avons passée. Par le peuple du pays nous a été dit qu'il y avait dix journées de marche depuis les sauts jusqu'au grand lac ; mais nous ne savons pas combien de lieues ils comptent pour une journée. »

de l'or : puis il lui firent entendre par signes que l'or et l'argent se trouvaient en amont du fleuve, ajoutant qu'on rencontrait des peuplades féroces, toujours en guerre les unes contre les autres. Cartier, leur présenta alors du cuivre rouge, leur demanda par gestes si ce métal se trouvait également dans le même pays, mais ils secouèrent la tête négativement, et lui donnèrent à entendre que le cuivre ne venait pas de là, mais au contraire de la contrée où il avait abordé.

Certes Cartier et ses compagnons n'auraient pas mieux demandé que d'aller vérifier par eux-mêmes l'exactitude de ces renseignements. La pensée de trouver des mines d'or et d'argent avait exalté leurs espérances et leurs convoitises; mais il était peut-être imprudent de s'enfoncer dans un pays entièrement inconnu sans avoir assuré ses communications. De plus on n'était pas sans éprouver quelques inquiétudes sur *l'Émérillon*, qu'on avait laissé au lac Saint-Pierre à la garde de huit hommes seulement, et on n'avait aucune nouvelle de *la Grande* et de *la Petite Hermine* laissées à Stadaconé avec le reste des Français. Cartier jugea prudent de rallier ses divisions éparses et de remettre à plus tard l'exploration de ces contrées, dont les habitants d'Hochelaga lui avaient raconté tant de merveilles.

Le même jour, 3 octobre, les Français quittèrent donc Hochelaga, toujours accompagnés par les indigènes qui, les voyant fatigués du chemin, les chargèrent sur leurs épaules et les portèrent comme auraient fait des bêtes de somme. Ils s'embarquèrent aussitôt, et les indigènes, qui témoignaient un grand regret de leur départ, les suivirent longtemps sur le rivage. Le voyage de retour ne fut signalé par aucun incident digne de remarque. Dès le 4 les deux barques rencontraient *l'Émérillon*, et le 11 *la Grande* et *la Petite Hermine*. Pendant l'absence du capitaine, ceux de ses gens restés pour la garde des navires avaient construit une sorte de fort, ou plutôt une enceinte de grosses pièces de bois, plantées debout, jointes les unes aux autres, et y avaient installé des pièces d'artillerie afin de se défendre en cas d'attaque de la part des indigènes.

Sur ces entrefaites commencèrent les premiers froids. Les nuits et les matinées devenaient fraîches, les brouillards fréquents. Les indigènes sortaient leurs grosses fourrures et se préparaient à soutenir le rude assaut de l'hiver. Cartier, qui ne voulait pas être pris au dépourvu, résolut de donner à ses hommes quelques mois d'un repos bien mérité. Il espérait de la sorte les trouver frais et dispos pour la grande expédition de découverte qu'il projetait au printemps prochain, et il comptait bien utiliser ses loisirs forcés en complétant ses renseignements sur les ressources et les productions du pays, et surtout en essayant de faire connaître aux indigènes la vraie religion; car il n'oubliait jamais son double rôle de découvreur et de propagateur du christianisme.

On s'est préoccupé de l'emplacement de Stadaconé

où Cartier passa l'hiver de 1535 à 1536. Les opinions sont très variées, et il est difficile de les concilier. Nous nous contenterons d'indiquer que la rivière Sainte-Croix, sur les bords de laquelle était bâtie Stadaconé, n'est pas la Sainte-Croix d'aujourd'hui, qui se jette dans le Saint-Laurent à quinze lieues en amont de Québec, mais paraît correspondre au Saint-Charles dont le confluent avec le Saint-Laurent se trouve à côté même de Québec. Stadaconé aurait donc été située à peu près sur l'emplacement de Québec. Nous savons déjà que Montréal devait remplacer Hochelaga. Par une singulière coïncidence, les deux capitales du Canada, Québec et Montréal, devaient succéder à ces modestes villages de Stadaconé et d'Hochelaga, découverts par Cartier dans son premier voyage sur le Saint-Laurent.

On a également discuté l'origine du mot par lequel fut désormais désignée la contrée découverte par les Français, le mot *Canada*. Les uns le font dériver de l'espagnol *aca, nada*, ici rien : on supposerait en effet que les Espagnols seraient arrivés dans la région avant Cartier, et que, n'y ayant découvert aucune trace de mines, ils auraient dit à plusieurs reprises : *aca, nada*. Les indigènes, frappés par ces mots, les auraient répétés aux Français, qui auraient cru que Canada était le vrai nom du pays : mais d'abord rien ne prouve ce prétendu voyage des Espagnols. En outre la plus ancienne carte espagnole de la région, qui a été signalée au congrès des américanistes de Madrid, en 1881, par le capitaine Duro, et dont il a été donné un fac-simile dans le volume des mémoires du Congrès, porte expressément l'indication Canada; et les noms marqués sont tous français : golfe de Bretones, Orléans, Golesme (pour Angoulême), etc. On y trouve même indiqué l'emplacement des quartiers d'hiver de Cartier, avec cette mention : *Aqui muriero muchos franceses de habre.* La suite du récit mentione en effet que Cartier perdit pendant l'hiver plusieurs de ses compagnons. Les Castillans n'ont donc jamais revendiqué la priorité de la découverte, et c'est ailleurs que dans leur langue qu'il faut chercher l'étymologie de Canada. Aussi bien Cartier a pris soin de nous la donner. C'est une dénomination indigène. Canada signifie d'après lui amas de cabanes, une ville. Dans le vocabulaire franco-canadien qu'il a joint à la relation de son second voyage, il nous dit expressément que « ilz appellent une ville Canada. » Dans les dialectes algonquin et huron, Canada a la même signification. Nous regardons donc comme très fondée l'opinion qui fait dériver des langues indigènes le nom de la région.

Répandre le christianisme parmi les Canadiens et étudier les ressources du pays, telles furent les principales, et, à vrai dire, les uniques occupations de Cartier pendant ce long hiver. Ses efforts ne furent pas inutiles. Grâce aux deux interprètes qu'il avait emmenés de France, il parvint à faire comprendre aux indigènes leurs erreurs, et peu à peu les initia aux vérités et aux dogmes du christianisme. Il y réussit d'autant mieux que les Canadiens avaient déjà quelque idée, confuse il est vrai et fort grossière, mais réelle de Dieu et de la vie future. Ils assuraient que Dieu se manifestait souvent aux hommes; ils pensaient, après leur mort, aller dans les étoiles, puis descendre vers l'horizon, en même temps que ces astres. Vraiment il n'y avait qu'à cultiver un champ déjà fertile, et, pour employer une expression biblique, qu'à arracher l'ivraie pour que germât le bon grain. Les Canadiens le crurent volontiers, à tel point que, méprisant leurs anciennes divinités, ils les interpellaient avec des termes injurieux. Ils paraissaient même si bien convaincus qu'ils prièrent à plusieurs reprises Cartier de leur administrer le baptême. Le cacique de Stadaconé, Donnaconna, se présenta même un jour avec tous les siens pour recevoir le sacrement. Cartier jugea qu'il profanerait le baptême en l'administrant à des hommes qui n'étaient pas encore suffisamment pénétrés des vérités chrétiennes, et tenaient obstinément à certaines coutumes toutes païennes, par exemple à la polygamie. Il leur refusa donc, très sagement, la grâce qu'ils imploraient; mais, pour ne pas les offenser par un refus définitif, il leur promit de revenir, dans un autre voyage, avec des prêtres qui les instruiraient mieux qu'il ne pouvait le faire et qui seuls avaient qualité pour conférer ce sacrement. Ils le crurent, et, joyeux de sa promesse, lui en témoignèrent leur satisfaction. On ne saurait trop louer la prudence de Cartier en cette occasion. Ce n'est pas ainsi qu'agissaient les conquistadores espagnols. Non seulement ils administraient le baptême à des populations qui n'en voulaient pas, mais encore exterminaient tous ceux qui le refusaient. Combien la sage tolérance de notre compatriote est-elle préférable au fanatisme aveugle d'un Cortez ou d'un Pizarre!

En vue d'une prochaine colonisation, Cartier étudiait aussi avec le plus grand soin les ressources du pays. Encore de nos jours on reconnait la vérité de ses remarques. Ce qui le frappait surtout, c'était la ressemblance avec la France. En effet les grains et les légumes qui poussent dans notre patrie sont cultivés et réussissent d'un bout à l'autre du Canada. Le chanvre, le lin, le houblon y viennent également, ainsi que nos arbres fruitiers. Les meilleures pommes du continent américain sont celles de Montréal, dont les poires et les melons sont également réputés. Les prunes et les cerises dites de France poussent à Québec. Les raisins réussissent passablement à Montréal, mais les pêches ne deviennent savoureuses qu'à Toronto, dans le voisinage du Niagara. Les arbres que l'on trouve presque partout dans les forêts canadiennes sont le chêne, l'érable, le noyer, le charme, l'orme, le merisier, le frêne, le pin, le cèdre, le peuplier, le tremble et le bouleau, toutes essences qui font l'ornement de nos bois français.

Seulement au Canada, surtout du temps de Cartie ces arbres atteignaient des dimensions considérables. Les arbustes communs à toute la contrée sont les cormiers, saules, aulnes, coudriers et cerisiers sauvages. Les bois produisent encore des groseilles, des fraises et des mûres. Cartier mentionnait tous ces produits dans sa relation. Il n'oubliait pas les essences indigènes, ainsi l'épinette rouge, ce bois si précieux pour la construction des vaisseaux à cause de son incorruptibilité et de sa force, le noyer noir, l'érable piqué et ondé, et le merisier rouge ondé qui offrent des matériaux superbes à l'ébénisterie et à la marqueterie.

Ce qui plus encore que la flore indigène attirait l'attention de Cartier, c'étaient les animaux, l'orignal ou élan, le caribou ou grand renne, le chevreuil, les ours noirs et roux, le lynx, le chat sauvage, la martre, le vison, le carcajou, etc. Il étudiait les mœurs singulières du castor; il observait les rats musqués, ces étranges animaux grands comme un lapin, d'un gris roussâtre, qui se construisent en hiver sur la glace une hutte de terre, où ils vivent en société, sauf à s'entredévorer quand la gelée ferme leurs trous. Cartier demandait aussi aux Canadiens où et comment ils se procuraient leurs magnifiques fourrures. Rien n'échappait à sa pénétrante observation. Il entendait bien, au cas où François Ier lui permettrait de fonder une véritable colonie, lui fournir tous les renseignements qu'il réclamerait, avec preuve à l'appui. Déjà même il cherchait à réunir une sorte de collection de bois, de plantes et d'animaux, qui seraient la preuve indéniable de ses assertions. Cartier ne négligeait pas les poissons qui peuplent les cours d'eau, la truite saumonnée, le saumon, le maskinongé et le touradi ou poissons blancs, l'esturgeon, la perche, etc. Il n'avait garde d'oublier les splendides pêcheries du golfe Saint-Laurent, où, de nos jours encore, abondent les harengs, les sardines, la morue, et l'anguille de mer. Dans cette curieuse étude des productions canadiennes, une pensée s'imposait à l'attention de Cartier : la comparaison avec telle ou telle province française. Sans doute espérait-il, en montrant, en exagérant au besoin les ressemblances qui existaient entre le Canada et la France, attirer à sa suite dans une nouvelle entreprise plusieurs milliers de colons.

Cartier avait compté sans le froid. En effet, le froid au Canada est plus rigoureux qu'en France, et il l'était plus encore aux premières années du seizième siècle que de nos jours, car de gigantesques forêts, aujourd'hui disparues, entretenaient alors une humidité persistante, et la présence des hommes n'avait pas encore échauffé l'atmosphère. Or l'hiver survint avec toutes ses rigueurs. Les Canadiens, habitués à ce rude climat, n'y faisaient même pas attention, et c'était pour Cartier un étonnement de tous les jours que de les voir se livrer à leurs rudes exercices, sans seulement prendre de précaution « et sont tant hommes, femmes qu'enfans plus durs que bestes au froid. Car de la plus grande froidure que nous ayons veu, laquelle estoit merveilleuse et aspre, venoient par dessus les glaces et neiges tous les jours à noz navires, la pluspart d'eulx tout nudz, qui est chose fort à croire qui ne la veu. » Aussi lui et les siens souffrirent-ils beaucoup, car ils n'avaient pas emporté les vêtements nécessaires, et ils avaient eu la singulière idée de ne pas quitter leurs vaisseaux. Or « depuis la my novembre jusques au quinziesme jour d'Apvril, avons esté continuellement enfermés dedans les glaces, lesquelles avaient plus de deux brasses d'espesseur. Et dessus la terre avoit la hauteur de quatre piedz de neige et plus, tellement qu'elle estoit plus haute que les bortz de nos navires : lesquelles ont duré jusques audict temps, en sorte que nos breuvages estoient tous gellez dedans les futailles. Et par dedans nos dictes navires tant de bas que de hault, estoit la glace contre les bortz à quatre doigtz d'espesseur. »

Le froid, le manque d'exercice, le mauvais air, l'absence de vivres frais engendrèrent bientôt une affreuse maladie. Cartier ne la nomme pas, mais il en décrit les redoutables effets, qui se rapportent au scorbut. « Commença la maladie entour nous d'une merveilleuse sorte, et la plus incongneue : car les ungs perdoient la substance, et de leur devenoient les jambes grosses et enflez et les nerfs retirez et noircis comme charbon, et à aucuns toutes semés de gouttes de sang comme pourpre : puis montoit ladicte maladie aux hanches, cuisses et espaulles, aux bras et au col. Et à tout venoit la bouche si infecte et pourrye par les gencyves, que tout la chair en tumboit jusques à la racine des dentz, lesquelles tumboient presque toutes. » En effet Cartier hivernait au milieu des glaces, comme le font de nos jours les hardis explorateurs qui s'efforcent de découvrir les secrets du pôle nord; mais il n'avait pris aucune précaution, et les habitudes de propreté, l'hygiène indispensable qui règnent de nos jours à bord de tous les navires, étaient alors considérées comme une superfluité. Dès lors quoi d'étonnant si la terrible maladie attaqua bientôt tout l'équipage ! Dès le mois de décembre, quelques hommes furent atteints. Avant la fin du mois, sur 110 Français, il n'en restait pas dix en état de soigner leurs camarades !

Déjà huit d'entre eux étaient morts et plus de cinquante ne laissaient aucun espoir, lorsque Cartier ordonna un acte solennel de religion, qui fut le premier exercice public du culte catholique au Canada, et l'origine des processions et des pèlerinages, qui depuis ont continué. Il mit les siens en prière, et leur fit porter une statue de la Vierge, à travers les neiges et les glaces. On la plaça contre un arbre distant d'une portée d'arc. Le dimanche suivant la messe fut chantée en plein air, devant la statue, et tous ceux qui pouvaient marcher formèrent une procession et chantèrent les psaumes de la pénitence. Cartier s'engagea en outre, si Dieu lui faisait la grâce de retourner en France, à faire en l'honneur de la Vierge le pèlerinage de Rocamadour, en Quercy.

Malgré la diversion apportée par cette cérémonie, la maladie empira. Elle prit même une telle intensité et devint si générale que de tous les Français trois seulement ne furent pas atteints. C'était un homme par vaisseau. Aussi ne suffisaient-ils pas à la besogne, et ne pouvaient-ils seulement pas descendre sous le tillac pour chercher de l'eau. Dans cet état de faiblesse extrême, ceux qui pouvaient encore agir se contentaient de déposer les cadavres sur la neige, n'ayant plus la force d'ouvrir la terre pour les enterrer. Tout semblait désespéré. Les sauvages, comme s'ils avaient conscience de la situation, devenaient arrogants et curieux. Ils s'approchaient des navires et semblaient disposés à les piller. Il fallut que Cartier et ses compagnons valides, surmontant leur malaise, recourussent à des ruses singulières pour les écarter. Tantôt le capitaine envoyait en dehors ceux qui pouvaient encore se traîner, puis les rappelait brusquement, comme si on avait besoin de leur présence à bord pour des travaux urgents. Tantôt il ordonnait aux malades de mener grand bruit dans l'intérieur des navires « avec bastons et cailloux faignans callefestrer ». Les Canadiens se laissèrent prendre à ces démonstrations, et n'inquiétèrent pas davantage nos compatriotes.

Un des interprètes, Dom Agaya, avait été atteint par la maladie. Il avait aussitôt quitté le navire, et n'avait pas reparu. Soudain Cartier le revit, sain et dispos, ne paraissant même pas avoir été malade. Interrogé aussitôt par le capitaine sur les causes de cette prompte guérison, Dom Agaya lui indiqua le remède dont il s'était servi. Il s'agissait d'exprimer le suc des feuilles d'un arbre et de le boire. Cartier tout joyeux lui demanda si cet arbre croissait aux environs, et, sur sa réponse affirmative, partit lui-même avec deux Indiennes pour en chercher. On croit que cet arbre est le sapin du Canada, doué en effet de propriétés anti-scorbutiques. Toutefois on a aussi émis l'opinion que ce pouvait être de l'épine-vinette, qui a des propriétés analogues. Nos compatriotes, après avoir bu quelques gorgées de cette tisane, recouvrèrent comme par enchantement la santé. « Apres ce avoir veu et congneu, y a eu telle presse ladicte medecine, que on si vouloit tuer, à qui premier en auroit. De sorte que ung arbre aussi gros et aussi grand que chesne qui soit en France, a esté employé en six jours : lequel a faict telle operation, que si tous les medecins de Louvain et de Montpellyer y eussent esté avec toutes les drogues d'Alexandrie, ilz n'en eussent pas tant faict en ung an, que ledict arbre a fait en six jours : car il nous a tellement proffité, que tous ceulx, qui en ont voullu user, ont recouvert santé et guarison la grâce à Dieu. »

Cartier avait perdu vingt-cinq de ses compagnons, et les Canadiens qui avaient appris en même temps et la maladie et la guérison des Français, ne cachaient plus leur mauvais vouloir. Afin de mieux assurer la surveillance, et pour concentrer davantage son autorité, Cartier se décida à un sacrifice pénible. Il résolut d'abandonner *la Petite Hermine*, dont la carcasse était endommagée. Après en avoir retiré tout ce qui pouvait lui servir, il l'abandonna aux indigènes qui enlevèrent tous les clous et firent sombrer la coque. Par un singulier hasard, cette coque a été retrouvée en 1843, ensevelie dans un lit de vase.

C'étaient surtout les indigènes de Stadaconé et leur chef Donnaconna qui ne faisaient plus mystère de leurs sentiments hostiles aux Français. Les deux interprètes que Cartier avait ramenés de France ne cessaient de répandre des bruits absurdes. Ils donnaient à entendre aux Canadiens que les prétendus cadeaux de Cartier n'étaient que des pacotilles de rebut, et irritaient l'amour-propre toujours si susceptible des sauvages. Dès son retour d'Hochelaga, Cartier, averti par ses lieutenants, avait pris de minutieuses précautions. Quatre fois par nuit le quart devait être relevé, et toujours au son de la trompette. Défense à tout indigène d'approcher des navires sans autorisation. Lors de la terrible maladie qui décima ses équipages, Cartier redoubla de prudence, et il eut raison, car les Indiens auraient sans doute profité de l'hiver pour tomber sur les Français, surtout s'ils avaient seulement soupçonné la gravité de la situation. A peine les glaces furent-elles rompues et les communications avec le haut pays rétablies, que tous les habitants de Stadaconé partirent en canot, sous prétexte d'aller à la chasse pour quinze jours, mais en réalité pour ramener un grand nombre des leurs, et profiter de la supériorité de leurs forces pour exterminer les Français. Au lieu de quinze jours d'absence, ils ne revinrent qu'au bout de deux mois, et en compagnie de plusieurs milliers de Canadiens.

Au premier symptôme de faiblesse il était évident que les Canadiens tomberaient sur la petite troupe. Ils l'auraient même attaquée depuis longtemps, s'ils n'eussent redouté les armes à feu, et si Cartier ne s'était pas mis sur ses gardes, mais ils ne quittaient pas les environs; ils n'envoyaient aux navires que très peu de provisions, et encore les faisaient-ils payer fort cher. La guerre était imminente. Les deux interprètes avaient rompu toute relation avec nous. Ils ne cessaient d'exciter la défiance de leurs concitoyens, et les engageaient à tenter une surprise. Cartier, fort inquiet, voulut se rendre un compte exact de la situation. Il fit débarquer son domestique, Charles Guyot, qui s'était attiré les sympathies des Canadiens, et le pria d'observer attentivement tout ce qu'il verrait. Donnaconna averti de sa visite feignit d'être malade. Les interprètes à leur tour le reçurent dans leurs cases, « mais par tout trouverent les maisons si plaines de gens que on si povoit remuer lesquelz on n'avoit accoustumé de veoir, et ne voulut permettre ledict interprete que ledict serviteur allast es aultres maisons : ains les convoya vers les navires la moitié du chemin. »

Cartier prit alors une résolution énergique. Il résolut de payer d'audace et de mettre la main sur Donnaconna et sur les deux interprètes. En cas d'attaque c'étaient pour lui de précieux otages; en cas de paix il comptait les amener en France. Il tenait surtout à s'emparer de Donnaconna « pour compter et dire au Roy ce qu'il avoit veu es pais occidentaulx des merveilles du monde. Car il nous a certifié avoir esté à la terre de Saguenay, en laquelle y a infini or, rubis et aultres richesses. Et y sont les hommes blancs comme en France et accoutrez de dras de laynes... » Cette résolution hardie convenait au caractère national : assurément elle était contraire au droit des gens, et Cartier ne l'ignorait pas : aussi prend-il dans sa relation des précautions infinies pour justifier cet acte, mais il n'avait vraiment nul besoin de toutes ces excuses. Les Canadiens cherchaient à le surprendre : il les prévint. N'était-ce pas un acte de bonne guerre?

Ce n'était pas chose facile que de s'emparer de Donnaconna et des interprètes; car tout en tramant contre les Français de mauvais desseins, ils se tenaient sur leurs gardes. « Ils avoient tusiours l'œil au boys et une crainte merveilleuse. » Cartier réussit pourtant à l'attirer près des vaisseaux, sous prétexte de lui servir un grand repas, et, bien qu'il fût entouré d'un grand nombre de Canadiens, le fit saisir avec les deux interprétes et deux autres chefs, et conduire à bord de *la Grande Hermine.* Cet acte de vigueur terrifia les Canadiens. Ils n'essayèrent même pas de profiter de leur supériorité numérique écrasante pour délivrer leurs chefs, et au contraire s'enfuirent dans outes les directions « comme brebis devant le loup : les ungs le travers la rivière, les autres parmi les boys cherchant chacun son advantage. » Tant il est vrai que les coups de vigueur imposent toujours le respect à la multitude!

Cependant, quand la nuit fut tombée, les Canadiens se hasardèrent à se rapprocher des vaisseaux, « huchant et hurlant comme loups cryant sans cesse. » Voyant qu'on ne les inquiétait pas, ils restèrent toute la journée du lendemain dans leurs pirogues, appelant toujours leur cacique. Cartier le fit alors monter sur le pont de *la Grande Hermine* et haranguer ses sujets. C'est ainsi que Montezuma était monté sur la tour de son palais, et avait essayé d'expliquer à ses sujets comment il était tombé entre les mains des Espagnols. Donnaconna, persuadé qu'il ne lui restait plus qu'à obéir, annonça donc aux Canadiens qu'il se rendait en France pour y raconter au roi ce qu'il avait vu au Saguenay et dans d'autres lieux, mais qu'il reviendrait dans dix ou douze lunes, avec de beaux présents. Cette déclaration réjouit tous les sauvages, qui témoignèrent leur satisfaction en poussant trois grands cris. Bien plus ils donnèrent à Cartier vingt-quatre colliers de ces coquilles d'esergui, qui, dans l'appréciation de ces barbares, constituaient la principale richesse du pays, et, de son côté, Cartier les combla de présents.

Donnaconna ne devait pas revoir son pays. Quand il arriva en France, il reçut le baptême et eut Cartier pour parrain (1). Il apprit rapidement le français et fournit sur l'Amérique de précieux renseignements. Thevet, l'auteur des *Singularitez de la France Antartique* et de la *Cosmographie Universelle*, le vit, causa souvent avec lui, et inséra dans ses ouvrages plusieurs des histoires et descriptions du cacique. Mais Donnaconna était déjà vieux et infirme. Ce changement soudain apporté dans ses habitudes et dans son régime mina sa constitution, et il mourut à Saint-Malo, victime inconsciente de la politique et de la civilisation.

Cartier résolut de profiter de l'impression de terreur répandue par la capture de Donnaconna pour prendre solennellement possession du pays. Il avait

(1) Il fut baptisé, en compagnie de deux autres Canadiens, le 25 mars 1539. L'acte du baptême a été donné par HARVUT, *Jacques Cartier, Recherches sur sa personne et sa famille.*

jusqu'alors négligé cette cérémonie. Le 3 mai 1536, le jour de l'invention de la Croix, afin d'honorer cette fête dont il avait imposé le nom à la rivière sur les bords de laquelle il se trouvait, il fit planter sur le rivage une croix en bois d'environ trente-cinq pieds, sur la traverse de laquelle un écusson en bosse, aux armes de France, portait inscrite en caractères romains la légende suivante : *Franciscus primus Dei gratia Francorum rex regnat.* Un grand nombre de Canadiens assistaient à la cérémonie. Au moment de la consécration, ils se mirent tous à genoux. Donnaconna, du haut du navire, semblait autoriser par sa présence cette prise de possession. Le canon retentit, les trompettes sonnèrent, le Canada était terre française, ou plutôt comme la nomma Cartier lui-même dans son patriotique enthousiasme, c'était la Nouvelle-France.

Il ne restait plus qu'à assurer cette prise de possession en allant chercher en France des renforts pour une troisième expédition. Le samedi 6 mai, *la Grande Hermine* et *l'Emerillon* levèrent l'ancre, et descendirent le fleuve, mais avec de nombreuses haltes, car « ils laissaient amortir les eaux, lesquelles estoient trop courantes et dangereuses pour avaller ledict fleuve. » Cartier s'arrêta aussi aux îles Saint-Pierre et à Terre Neuve dans le havre de Rougnoze. « Chemin faisant, trouvasmes plusieurs navires tant de France que de Bretagne. » Ces navires étaient sans doute venus dans ces parages pour la pêche de la morue. Enfin, le 19 juin, les Français partirent de Terre-Neuve avec un vent favorable et arrivèrent à Saint-Malo le 16 juillet suivant.

L'expédition avait duré quatorze mois moins cinq jours. Elle avait été féconde en péripéties émouvantes et en résultats inespérés, mais plusieurs des compagnons de Cartier étaient restés au Nouveau Monde, tous les autres avaient beaucoup souffert, et on n'avait en somme récolté que des espérances. Aussi notre capitaine ne reçut-il pas l'accueil auquel il avait droit, et auquel il s'attendait peut-être. Il est vrai que la situation politique du royaume était mauvaise. La France était alors le théâtre d'une guerre dangereuse. L'empereur Charles V l'avait envahie à la tête de 60,000 hommes. Il assiégeait Marseille et se flattait de l'espoir de pousser jusqu'à Paris. Une seconde armée espagnole entrait en Picardie, prenait Guise et assiégeait Péronne. Une troisième pénétrait en Gascogne. Le moment était donc mal choisi pour tenter la fortune au delà des mers, et le roi se souciait très peu de Stadaconé et d'Hochelaga, lorsqu'il n'était même pas sûr de conserver sa couronne. Or cette guerre se prolongea jusqu'en 1538, jusqu'à la trêve de dix ans conclue à Nice entre les deux rivaux par la médiation du pape Paul III. Ce fut alors seulement que Jacques Cartier reprit ses anciens projets et put espérer qu'ils se réaliseraient. Encore dût-il attendre deux ans pour que le calme fût tout à fait rétabli et le roi disposé à l'entendre.

Le père Charlevoix (1), auteur d'une histoire fort estimée de la Nouvelle-France, a essayé d'expliquer ce retard de quatre années en alléguant un motif assez peu honorable pour François Ier. Il prétend que « la plupart demeurèrent persuadés que le Canada ne seroit d'aucune utilité à la France. On insista principalement sur ce que Cartier n'y avoit vu aucune apparence de mines, et alors, plus encore qu'aujourd'hui, une terre étrangère qui ne produisoit ni or ni argent n'étoit comptée pour rien. » On pourrait conclure de là que François Ier n'aurait envoyé Cartier au delà de l'Atlantique que pour découvrir des mines de métaux précieux. En réalité le roi se proposait une plus noble fin. Il voulait sincèrement porter la foi chrétienne au nouveau monde, et étendre ainsi le domaine de l'Église catholique. S'il attendit quatre ans avant de renouveler une tentative qui avait déjà produit d'heureux résultats, c'est qu'il eut la main forcée par les circonstances, mais, à peine dégagé de ses préoccupations extérieures, il reprit avec empressement ses projets de colonisation.

Aujourd'hui, quand un peuple européen veut fonder une colonie, la religion n'est plus qu'un prétexte, et même un prétexte dont on se sert rarement. C'est en vertu du principe faux ou vrai de la supériorité des civilisations européennes que les

(1) Charlevoix, *Histoire de la Nouvelle-France*, t. III, p. 23.

Anglais s'établissent en Australie ou les Français en Indo-Chine, mais François Ier n'agissait et ne voulait agir qu'au nom du christianisme. Envoyer au Canada des missionnaires ou des propagateurs de la religion, c'était pour lui un acte de foi aussi solennel et plus utile que les autodafés des souverains d'Espagne et d'Italie. Ainsi que l'écrit un contemporain, Thevet, « espérant que, encore que ce pays ne luy fust point de grand revenu, à tout le moins ce luy seroit honneur immortel, et grace envers Dieu, d'avoir retiré ce peuple barbare d'ignorance en laquelle il estoit plongé, pour le rendre fils et allié de l'Église chrestienne. » On objectera sans doute que François I s'allia au sultan Soliman, à Henri VIII et aux princes luthériens d'Allemagne, mais c'étaient des alliances politiques. Le roi ne cherchait alors qu'à contre balancer les forces de son rival. Jamais il n'oublia qu'il était le fils aîné de l'Église. Au moment même où il comptait au nombre de ses alliés tous les ennemis du catholicisme, il défendait à ses sujets, dans ses propres États, de renoncer à la foi de leurs pères. Dès lors quoi d'étonnant s'il resta fidèle à ses convictions religieuses, et conséquent avec lui-même en cherchant à fonder en Amérique une nouvelle France catholique!

Cartier fut donc appelé auprès de François Ier. Il lui présenta la relation de son second voyage et eut avec lui plusieurs entrevues. Il lui présenta également quelques-uns des sauvages canadiens qui l'avaient suivi de gré ou de force, entre autres le cacique Donnaconna, ou plutôt le nouveau chrétien François, auquel il avait servi de parrain et qu'il avait ainsi nommé comme pour le mettre sous la protection du roi. François Ier interrogea curieusement ces indigènes, et sans doute leurs communications lui plurent, car il se décida tout de suite à tenter pour la troisième fois une expédition au Canada.

Il ne manquait pourtant pas à la cour de prophètes de mauvais augure pour annoncer à l'expédition tous les malheurs possibles. Personne en ce bas monde n'attire sur lui l'attention sans se faire aussitôt bien des ennemis. Or les voyages de Cartier et ses deux relations avaient eu trop de retentissement pour que Cartier n'ait pas récolté le tribut obligatoire de haine et d'envie qui s'attache à tous les inventeurs. On parlait donc, en les exagérant, des rigueurs du climat canadien, de sa stérilité, des maladies qui décimaient et les nouveaux débarqués et les indigènes eux-mêmes. Tout justement comme pour mieux prouver leurs allégations, les sauvages que Cartier avait ramenés en France moururent les uns après les autres, et presque coup sur coup, à l'exception d'une petite fille de dix ans. François Ier, malgré la rigueur du climat dont Cartier et les siens avaient fait une si rude expérience, malgré la contagion qui les avait presque tous atteints et en avait emporté un si grand nombre, malgré la mort de tous les Canadiens, ne se laissa pas ébranler dans sa résolution d'établir au Canada une colonie française et catholique. Il promit à Cartier sa protection directe, et l'autorisa à commencer les préparatifs d'une troisième expédition.

CHAPITRE V.

Un des plus grands propriétaires fonciers du royaume appuya inopinément l'expédition projetée par son crédit et par ses richesses. Ce gentilhomme se nommait Jean-François de la Roque, seigneur de Roberval (1). C'était un Picard, très connu dans sa

(1) Documents contemporains sur Roberval :

Fontainebleau, 15 janvier 1540. Commission de lieutenant général octroyée par François Ier à Roberval.

Id. 6 février. Prestation de serment entre les mains du cardinal de Tournon.

Id. 7 février 1540. Permission donnée par le roi de prendre, en qualité de volontaires au Canada, des prisonniers dans le ressort des parlements de Paris, Toulouse, Bordeaux, Rouen, Dijon.

27 février 1540. Nomination de Paul d'Auxhillon de Senneterre comme procureur général de Roberval.

9 mars 1540. Le parlement de Rouen autorise Roberval à exécuter l'ordonnance du 7 février.

30 novembre 1540. Lettres patentes de François Ier pour l'embarquement de cinquante prisonniers.

Bordeaux, 3 avril 1541. Actes relatifs à l'emploi des condamnés destinés au Canada.

19 mai 1541. Arrivée à Saint-Malo d'une chaîne de malfaiteurs destinés au Canada.

10 juillet 1541. Le chancelier Poyet écrit au parlement de Rouen pour se plaindre des retards de l'expédition.

province, à tel point que François Ier l'appelait quelquefois le petit roi de Vimeux. Roberval, saisi d'un beau zèle pour les intérêts de la foi, et désireux en même temps d'augmenter encore et sa fortune et ses dignités, demanda au roi pour lui-même la permission de continuer les découvertes. On ne pouvait refuser cette faveur à un homme de ce rang. Comme une simple commission ne suffisait pas, le roi lui délivra des lettres patentes, en date du 15 janvier 1540. Ce document est fort important et mérite une analyse particulière.

Le roi commence par rappeler qu'il a déjà envoyé au Canada « aucuns bons pillotes et autres nos subjects de bon entendement, savoir et expérience ». Les renseignements que lui ont fourni soit ces pilotes, soit des indigènes lui ont paru satisfaisants. « En considération desquelles choses avons advisé et délibéré de renvoyer es dits pays de Canada et Ochelaga et autres circonjacens, mesmes en tous pays transmarins inhabitez ou non possedez et donnez par aucuns princes chrestiens, aulcun bon nombre de

Saint-Laurent, 26 janvier 1542. Permission donnée à Roberval de prendre des prisonniers.

Canada, 9 septembre 1542. Lettres de grâce accordées par Roberval à Senneterre.

Canada, 11 septembre 1542. Roberval donne procuration à Senneterre pour le remplacer en France.

Relation du voyage de Roberval insérée par fragments dans le recueil d'Hackluyt.

gentilzhommes nos subjects, tant gens de guerre qui popullent, de chaque sexe, et aultres liberaulx et mécaniques pour plus avant entrer esdits pays et jusques en la terre de Saguenay et tous autres pays susdits, affin d'en iceulx converser avec lesdits peuples estranges si faire se peulx et habiter esdites terres et pays. » Le roi déclare ensuite qu'il a choisi pour le représenter Jean-François de la Roque Roberval, et qu'il l'a nommé « lieutenant général chef directeur et cappitaine de ladite entreprinse, ensemble de tous les navires et vaisseaulx de mer et pareillement de toutes les personnes, tant gens de guerre, de mer, que autres, par nous ordonnez, et qui iront en ladite entreprinse, expédition et armée. » Suit l'énumération des pouvoirs spéciaux conférés à Roberval, et ils sont considérables : Droit de choisir capitaines, maitres d'équipage, matelots et soldats dans toute l'étendue du royaume; droit de réquisition pour les achats de vivres et de munitions; droit de « passer, repasser, aller, venir esdits pays estranges, de descendre et entrer en iceulx, et les mettre en nostre main tant par voye d'amitié ou amyable composition, si faire se peulx, que par force d'armes, main forte et toutes autres voyes d'hostilité »; droit de haute et basse justice; droit de donner des terres en bail ou en toute propriété, sauf la réserve des droits royaux; les profits de l'entreprise seront distribués en trois parts, dont une à Roberval, la seconde à ses compagnons et la troisième pour le roi. François Ier accordait en outre à son lieutenant l'autorisation de s'associer avec tous les gentilshommes ou marchands qui voudraient partager sa fortune. Fidèle aux traditions de l'époque, il lui concédait en outre le monopole exclusif du commerce et de la navigation dans les terres récemment découvertes. « Nous avons deffendu et deffendons à tous nos subjectz de ne eulx ingerer naviguer par les voyes et destroitz susdits, synon qu'ilz soient associez et joints à nostre dicte armée, et sous l'obéissance de nostre dit lieutenant, leur permettant néantmoins les autres navigacions et entrées de terre par nous non deffendues. » Le roi prévoyait même la mort de Roberval, et lui permettait de désigner son successeur par testament ou autrement. Il terminait en lui octroyant, d'une manière générale, et, pour tous les cas non prévus, le droit d'agir au mieux des circonstances.

Roberval était donc un représentant direct de la couronne, investi par une délégation spéciale de presque toutes les attributions de la royauté. Or le roi François Ier, en conférant à un de ses sujets des pouvoirs aussi étendus, était déterminé à s'occuper sérieusement de l'entreprise projetée. Non seulement il aida Roberval de sa bourse, et lui fit compter par le trésorier de l'épargne une somme relativement considérable, 45,000 livres, mais encore il pressa vivement les préparatifs de l'expédition. Dès le 6 février 1540, Roberval avait prêté serment entre les mains du cardinal de Tournon. Le roi désirait que le départ fût fixé au 15 avril de la même année. Craignant avec raison que le recrutement des volontaires et des équipages ne traînât en longueur, à cause des bruits fâcheux qui avaient circulé sur l'insalubrité du Canada, il imagina de procurer à Roberval, sans délai et à peu de frais, un certain nombre de soldats et d'ouvriers. Par de nouvelles lettres patentes, datées de Fontainebleau le 7 février 1540, il l'autorisa à prendre dans les prisons des ressorts des parlements de Paris, Bordeaux, Rouen, Toulouse et Dijon, c'est-à-dire à peu près dans la France entière, les criminels condamnés à mort qu'il jugerait propres à cette entreprise. Les considérants de la lettre patente sont curieux à citer à cause de leur naïveté «... Soit ainsi que pour la longue distance desdictz pays et la crainte des naufrages et fortunes marytimes, et aultres ayant regret de laisser leurs biens, parens et aussy cregnans de faire ledict voyage, et que par aventure plusieurs qui vonluntairement feroient ledict voyage pourroient faire difficulté de demourer esdictz pays après le retour de notredict lieutenant; au moyen de quoy par faulte d'avoir nombre compétant de gens de service et aultres vonluntaires pour peupler lesdictz pays, l'entreprinse dudict voyage ne pourroit estre accomplye si tost et ainsi que nous le desirons... chose qui nous tourneroit à trez grand regret, attendu le grand bien et salut qui de ladite entreprinse peult procedder... »; pour ces causes, à l'exception des prévenus du crime de lèse-majesté divine ou humaine, des faux monnayeurs, et de ceux qui n'auraient pas encore satisfait aux parties civiles intéressées, le roi donnait pouvoir à Roberval d'emmener avec lui au Canada tous les condamnés à mort, qu'il jugerait dignes de cette grâce. Il mettait cependant pour condition que ces hommes se nourriraient et s'entretiendraient eux-mêmes pendant les deux premières années de leur séjour, et paieraient les frais de leur voyage jusqu'au port d'embarquement ainsi que ceux de leur passage dans la Nouvelle-France. Ils étaient en outre prévenus que, s'ils désertaient et revenaient en France, ils seraient aussitôt exécutés que saisis.

Lorsque les Anglais, à la fin du siècle dernier, imaginèrent de transporter en Australie leurs condamnés, les convicts, on vanta beaucoup l'acte de philanthropique intelligence, qui avait créé les colonies pénitentiaires. Ce n'était pourtant pas une innovation. L'ordonnance de 1540 paraît inspirée par celle des rois catholiques, en date du 22 juin 1497 (1), au-

(1) NAVARRETE, *Coleccion de los viajes y descubrimentos que hicieron por mar los Espanoles, etc.*, t. II, p. 231. Charte de Ferdinand et d'Isabelle, en date du 22 juin 1497 : «... Porque vos mandamos que cada é cuando alguna o algunas personas, asi varones como mugeres de nuestros Reinos hobieren cometido o cometieren cualquier delito o delitos porque merezcan é deban ser desterrados, segun derecho é leyes de nuestros Reinos para alguna isla o para labrar é servir en los me-

torisant Christophe Colomb à conduire aux îles récemment découvertes les criminels qui, moyennant remise de la moitié de leur peine, consentiraient à l'y suivre. Si François Ier prit la résolution de composer en partie de condamnés à mort la recrue destinée à la Nouvelle-France, ce fut surtout parce qu'il envisagea la délivrance de ces criminels comme un acte méritoire de miséricorde, qui permettrait à chacun d'eux de changer entièrement de vie. « En considération, lisons-nous dans l'ordonnance, que avons entrepris ce voyage en l'honneur de Dieu notre créateur, désirans grandement et de tout nostre cœur faire chose qui luy soit agréable, iceluy permettant si son bon plaisir est ledict voyage venir à bonne fin, voullons user de misericorde, faire œuvre pitoyable et meritoire envers aulcuns criminelz et malfaiteurs, ad ce qu'ilz puissent recongnoistre le créateur, luy en rendre grâce et amender leur vie... »

Directement protégé par le roi, sûr et certain du recrutement de ses équipages, Roberval se mit tout de suite en campagne, et commença avec ardeur ses préparatifs de départ. Il avait donné une procuration générale pour régler toutes les affaires en litige à un de ses amis, Paul d'Auxilhon, seigneur de Senneterre, et l'avait spécialement chargé de choisir dans les prisons du royaume et de conduire à Saint-Malo

tales..... e asimismo todas los otras personas que fueren culpantes en delitos que no merezcan pena de muerte... »

les condamnés désignés pour l'expédition. On a conservé les arrêtés de divers parlements et un certain nombre de documents originaux relatifs à cette mission.

Le plus curieux de ces documents est le procès-verbal de l'arrivée à Saint-Malo, le 19 mai 1541, de treize prisonniers, dont cinq femmes, extraits des prisons de Toulouse et de Bordeaux. Une de ces femmes, Moudyne Boyspye « asgée de dix-huit ans, non accusée d'aucun cas » était prisonnière par amour. Elle s'était attachée à la fortune d'un certain François Gay, triste personnage, condamné par le parlement de Toulouse, et « malade du mal de Saint Meen, » c'est-à-dire de la gale. Le commissaire n'avait consenti à la recevoir qu'à la condition qu'elle partagerait les chaînes de son malencontreux fiancé, et la jeune fille s'y était résignée. Les autres prisonniers se nommaient Lorans Bonhomme, Jehan de Lavaur, Bernard, Pierre le Caubegeur, Pierre Esteve, et Pierre de Sernez. Le huitième prisonnier, Pierre Thomas, n'était à la chaîne que pour avoir laissé échapper un certain Barbery, dont on lui avait confié la garde. Quant aux femmes, deux d'entre elles, Casseth Chapu et Jehanne de la Veerie, étaient condamnées pour avoir vendu leurs filles; Antoinette de Paradis pour avoir fondu du métal pour faire des cloches, et Mariette La Tappye pour avoir tué son gendre. Le commissaire Léonard Bernard, exécuta sa commission, puis disparut, soit pour éviter toute réclamation, soit plutôt pour solliciter quelque besogne du même genre (1).

On a également conservé une nouvelle ordonnance royale, en date du 18 février 1540, destinée à presser le moment du départ. Roberval recevait en effet une sorte de droit de réquisition dans tout le royaume. Il pouvait « soy pourveoir et munir de toutes choses nécessaires à ladicte armée, et icelles lever ou faire lever en tous les lieux, places et endroits de nostre royaume comme bon luy semblera, en paiant raisonnablement... et aussi pareillement vivres, victuailles, armes, artilleries, haquebutes, pouldres, salpestres, piques, que autres bastons offensifs et deffensifs, et généralement de tous habillemens, instrumens et autres choses servans pour l'équipage. » Il avait même le droit de choisir les navires qui lui convenaient, avec les équipages nécessaires, avec exemption de tout impôt, et tous les fonctionnaires étaient tenus de lui venir en aide. Jamais encore souverain n'était descendu à de pareils détails. C'était bien réellement une expédition royale que préparait ainsi François Ier.

Jacques Cartier, le véritable découvreur du Canada, l'inspirateur de l'entreprise, n'avait pas été écarté. Seulement comme, dans les idées de l'époque, un simple capitaine ne pouvait exercer la même au-

(1) Joüon des Longrais, ouv. cité, 27-36.

torité qu'un grand seigneur, tout en lui conférant des pouvoirs étendus, on le subordonna à Roberval. Il fut nommé par lettres patentes datées de Saint-Pris, le 17 octobre 1540, capitaine général et maître pilote de tous les vaisseaux destinés à l'expédition. « Nous, à plain confians de la personne dudict Jacques Cartier, et de ses sens, suffizance, loyaulté, preudhommie, hardiesse, grande diligence et bonne expérience, iceluy pour ces causes et autres, à ce nous mouvans, avons faict et constitué, ordonné et establi, faisons, constituons, ordonnons et establissons par ces présantes capitaine general et maistre pillotte de tous les navires et autres vaisseaux de mer par nous ordonnez estre menez pour ladite entreprise et expédition. » Le roi ordonne ensuite de donner à Cartier, en toute propriété, un des deux vaisseaux qui étaient revenus du Canada, l'*Émérillon*, et met à sa disposition ou à celle de ses commis cinquante prisonniers, qu'il pourra choisir tout de suite. Cartier n'avait donc pas à se plaindre de François Ier. On lui donnait en quelque sorte la direction de la flotte, et on réservait à Roberval le commandement sur la terre ferme : aussi bien il ne fit aucune difficulté pour se mettre sous les ordres du gentilhomme picard.

Les Espagnols et les Portugais, toujours jaloux de leur prétendu monopole commercial, n'avaient pas été sans s'inquiéter de cette expédition bruyamment annoncée, et dont les préparatifs se faisaient au grand jour dans les ports de Normandie. Au printemps de 1541 le conseil des Indes envoya un espion en France « para saberlo de las armadas que se preparaban alli (1) ». L'envoyé répondit que Cartier se disposait à partir au mois d'avril avec quatre galions pour aller « poblare una tierra que se llamaba Canada (2) ». L'ambassadeur d'Espagne à Paris fut également consulté sur les armements maritimes, car on craignait que l'expédition ne fût dirigée contre les vaisseaux espagnols, et que la prétendue colonisation ne fût qu'un prétexte à piraterie comme au temps de Verrazano. L'ambassadeur alla aux informations, et prévint sa cour qu'il avait entendu dire que « el corsario » Jacques Cartier était parti de Saint-Malo, et que M. de Roberval allait bientôt le rejoindre avec huit ou neuf navires « para ir contra los habitantes de las Indias de S. M. ». Ce fut sans doute à cette occasion que Charles-Quint envoya dans les passages de Terre-Neuve une caravelle commandée par Ares de Sa, afin de « saber lo que havia hecho por alla un capitan Frances que se dice Jacques Cartier », (3) et qu'il proposa à Jean III de Portugal une expédition combinée à Terre-Neuve; mais Ares de Sa, parti de Bayona en Galice, le 25 juillet 1541, était de retour le 17 novembre de

(1) BUCKINGHAM SMITH, *Coleccion de varios documentos para la historia de la Florida*, t. I, p. 107.

(2) ID., p. 109.

(3) ID., p. 114.

la même année. Il n'avait rien remarqué de suspect. Il avait profité de son voyage pour explorer les côtes et les îles, et rapportait de précieux renseignements géographiques. C'est en effet à partir de 1542 que les cosmographes espagnols paraissent avoir des données précises sur la topographie canadienne. Quant au roi de Portugal qui avait déjà perdu plusieurs navires dans ces parages et redoutait les pirateries françaises, il déclina l'offre de son puissant voisin (1). Cartier et Roberval eurent donc le champ libre pour tenter leur grande exploration.

Cinq navires, et non pas huit ou neuf comme l'avaient écrit les espions de l'Espagne, avaient été rassemblés à Saint-Malo pour conduire les explorateurs et leurs auxiliaires. Cartier se rendit tout de suite dans sa ville natale pour activer les préparatifs, et en effet quand Roberval vint l'y rejoindre, presque tout était achevé. L'artillerie seule faisait défaut, ainsi que les munitions nécessaires. Roberval, qui croyait l'abondance nécessaire à sa dignité, prit le parti d'attendre quelques pièces de canon qu'il faisait venir de Normandie et de Champagne, et d'équiper deux autres navires à Honfleur (2). Sur ces

(1) C. Duro, *Arca de Noé*, p. 316.

(2) Cf. document cité par Joüon des Longrais, p. 37. « Marc Dupré, courtyer de banque de Lion, s'est présenté, et est venu pour bailler ung paquet de lettres au seigneur de Roberval. Il est informé que, huist jours et a plus que ledict seigneur est, il et ses gens, allé à Honnefleur. »

entrefaites il reçut à Saint-Malo des lettres du roi qui lui enjoignaient de mettre à la voile dès leur réception, sous peine d'encourir son déplaisir. Roberval qui ne pouvait se résoudre à laisser derrière lui son artillerie, se détermina à faire partir à l'avance Jacques Cartier en lui déléguant à titre provisoire toute son autorité. Cartier se retrouvait de la sorte pour quelque temps chef suprême de l'expédition. Comme le vent était favorable, il mit à la voile avec ses cinq navires le 23 mai 1541. Roberval devait le suivre de près et reprendre alors ses fonctions de vice-roi (1).

Le voyage fut long et difficile, car les vents changèrent presque au sortir du port et restèrent contraires. La traversée dura trois mois, et encore les navires furent-ils séparés les uns des autres, à l'exception de deux qui voguèrent toujours de conserve, celui que montait Cartier et un autre où se trouvait le vicomte de Beaupré. La longueur du voyage amena une disette d'eau douce, et Cartier qui conduisait au Canada des animaux domestiques se vit contraint, pour les conserver, de leur faire donner du cidre et autres breuvages.

(1) Cartier ne partit pas sans avoir rédigé son testament, à la date du 19 mai 1541, en faveur de sa femme. Ce document est cité par Joüon des Longrais p. 38-43. Trois jours avant son départ, le 23 mai, il intervenait dans une dispute entre deux voisins, le cordonnier Brillant et le trompette Pierre. On ne sait comment se termina cette vulgaire « noise »; nous ne l'avons mentionnée que par scrupule d'exactitude.

On prit terre au havre de Carpont, dans l'île de Terre-Neuve, où on renouvela l'eau et les vivres frais. Comme Roberval n'était pas encore arrivé, Cartier mit de nouveau à la voile, et, le 23 août arriva au havre de Sainte-Croix, où, cinq ans auparavant, il avait séjourné près de huit mois. Les sauvages, reconnaissant le pavillon français, s'empressèrent de venir à bord dans plusieurs canots, dont l'un portait Agonna, le successeur intérimaire de Donnaconna. Comme il demandait des nouvelles de ce dernier, Cartier répondit qu'il était mort en France, mais il n'osa pas lui apprendre le décès des autres Canadiens, et se contenta de lui dire qu'ils étaient restés en France, où ils vivaient en grands seigneurs, et ne voulaient pas revenir. Agonna ne parut pas très affligé de ces nouvelles, car il demeurait par là le chef et seigneur de tout le pays. Il fit à Cartier de grandes démonstrations d'amitié, et lui donna le bonnet de peau qui lui tenait lieu de couronne. Cartier le lui rendit, distribua quelques présents à ses femmes, puis, levant l'ancre, alla visiter, à quatre lieues de Sainte-Croix, une petite rivière et un port qu'il trouva plus commode pour ses vaisseaux que le précédent. Dès le lendemain il déchargea ses vivres et autres provisions, garda trois navires et renvoya les deux autres en France avec Macé Jalobert, son beau-frère et Étienne Noüel son neveu, tous deux habiles pilotes, qui devaient annoncer au roi l'arrivée de la flotte au Canada, et en même temps lui apprendre que Roberval n'était pas encore arrivé (1).

Le premier soin de Cartier fut de mettre à l'abri les provisions et les marchandises qu'il avait rapportées de France. Il fit donc remonter la rivière à ses trois navires, et en défendit l'entrée par un fort qu'il nomma Charlesbourg-Royal, sans doute en l'honneur de Charles d'Orléans, fils du roi. Comme ce fort était dominé par une montagne, il fit construire sur cette hauteur, auprès d'une belle fontaine, un second fort qui couvrit ainsi le premier et commanda la rivière. Enfin, comme il avait dessein d'établir une colonie, conformément aux ordres du roi, et que, sans parler des animaux domestiques, il était pourvu de diverses espèces de semences, il voulut faire un premier essai de culture et employa à préparer la terre vingt de ses travailleurs. Dans une seule journée ils labourèrent un arpent et demi, et semèrent des choux, des navets et des laitues, qui, en huit jours sortirent de terre. Aussi bien le pays paraissait très fertile et fort agréable. Nous lisons dans la traduction de l'anglais Hackluyt qui inséra dans le troisième volume de sa collection la relation aujourd'hui perdue de Cartier : « Des deux côtés de la rivière, il y a de fort bonnes et belles terres,

(1) A cette première partie de l'expédition se rapporte la nouvelle de la mort de Thomas Fourmont, dit de la Bouille. Cf. document cité par Joüon des Longrais (p. 50), relatif à la succession dudit Fourmont.

pleines d'aussi beaux et puissants arbres que l'on puisse voir au monde, et de diverses sortes, qui ont plus de dix brasses plus haut que les autres. De plus il y a grande quantité de chênes, les plus beaux que j'aie vus de ma vie, lesquels étaient tellement chargés de glands qu'il semblait qu'ils s'allaient rompre. En outre il y a de plus beaux érables, cèdres, bouleaux et autres sortes d'arbres, que l'on n'en voit en France. Et proche de cette forêt, sur le côté sud, la terre est toute couverte de vignes que nous trouvâmes chargées de grappes aussi noires que ronces, mais non pas aussi agréables que celles de France, par la raison qu'elles ne sont pas cultivées et parce qu'elles croissent naturellement sauvages. De plus il y a quantité d'aubépines qui ont les feuilles aussi larges que celles du chêne, et dont le fruit ressemble à celui du néflier. »

Un examen superficiel prouva également à Cartier l'existence de diverses mines et carrières : en premier lieu de l'ardoise noire et épaisse, de l'ocre jaune, quelques feuilles d'or minces et légères et du fer. « De l'autre côté de la montagne, lisons-nous dans la relation, se trouve une belle mine du meilleur fer qui soit au monde, et le sable sur lequel nous marchions est terre de mine parfaite, prête à mettre au fourneau. » Et plus loin : « Nous avons trouvé des pierres comme diamants, les plus beaux, polis, et aussi merveilleusement taillés qu'il soit possible à homme de voir, et lorsque le soleil jette

14

ses rayons sur ceux-ci, ils luisent comme si c'étaient étincelles de feu. » Il semble pourtant que l'imagination de Cartier l'ait entraîné un peu loin, car on n'a jamais trouvé de diamants au Canada ; on n'y rencontre que des agates, du jaspe, des labradorites, des hyacinthes, des améthystes, du jais et aussi quelques grains de rubis.

Heureux de ces découvertes, d'un si bon augure pour le reste du voyage, Cartier voulut, en attendant Roberval, explorer le pays. Il fit apprêter deux barques, prit avec lui Martin de Paimpont avec d'autres gentilshommes et partit le 7 septembre. Il laissait en son absence la garde du fort et le commandement au vicomte de Beaupré. Son dessein, en remontant le fleuve, était de prendre connaissance des sauts qu'il faut franchir au-dessus de Hochelaga, et d'être de la sorte plus à même de pousser en avant, quand le printemps serait venu. Chemin faisant il s'arrêta au village de Hochelai, dont le cacique, lors du second voyage, lui avait témoigné de l'intérêt et donné d'utiles avis. Voulant lui faire comprendre qu'il comptait toujours sur son amitié, Cartier lui laissa deux jeunes Français pour qu'ils apprissent la langue du pays, et lui fit présent d'un manteau de drap écarlate, tout garni de boutons jaunes et de petites clochettes. Cartier continua ensuite sa route, mais avec un vent si favorable que le 11 septembre il arrivait au premier saut du fleuve, au rapide qui paraît correspondre à ce qu'on nomme aujourd'hui le courant Sainte-Marie.

Il résolut donc de remonter le courant aussi loin que possible, mais ne prit avec lui qu'une seule barque avec un nombre de rameurs double du nombre ordinaire. Le fond du fleuve était rempli de gros rochers et le courant si impétueux qu'il leur fut impossible de passer outre : sur quoi Cartier fut d'avis d'aller par terre pour reconnaître l'étendue de la cascade. Bien accueilli par les Canadiens, il fut accompagné par eux jusqu'à une deuxième cascade, celle qu'on nomme aujourd'hui les rapides de la Chine. Fort étonné de l'impétuosité du courant et de la fréquence des chutes, Cartier, demanda aux Canadiens s'il avait encore d'autres cascades à franchir avant d'arriver à Saguenay. Ceux-ci lui répondirent qu'il y avait un troisième saut à franchir. Pour se faire comprendre, ils plaçaient de petits bâtons par terre, qui indiquaient les rives du fleuve, et d'autres en travers pour représenter les sauts. Comme la journée était fort avancée, et que Cartier et les siens n'avaient pas pris de nourriture, ils retournèrent à leurs barques, et furent étonnés de les voir entourées par plusieurs centaines d'indigènes, qui les accueillirent il est vrai par des acclamations de joie, mais qui en réalité, comme on le sut plus tard, ne cherchaient déjà qu'une occasion pour les massacrer.

Le premier symptôme de cette désaffection des

indigènes fut donné par le cacique de Hochelai qui jusqu'alors avait si bien reçu nos compatriotes. Au lieu d'attendre Cartier, comme il le lui avait promis, il s'était rendu secrètement à Stadaconé pour délibérer avec le chef de cette bourgade sur ce qu'ils pourraient entreprendre contre les étrangers. Cartier, fort inquiet de son absence et commençant à comprendre leurs secrets desseins, renonça à visiter Hochelaga, et précipita sa marche vers Charlesbourg-Royal. Depuis quelques jours les sauvages ne paraissaient plus aux environs du fort pour vendre du poisson et du gibier, et à Stadaconé se formait une véritable armée de Canadiens. Cartier fit aussitôt mettre les deux forts en état de défense et attendit les événements.

Que s'était-il donc passé depuis le débarquement des Français, et pourquoi les Canadiens, d'abord si empressés, si prévenants, devenaient-ils du jour au lendemain nos ennemis? L'enlèvement de Donnaconna les avait déjà fort excités : la nouvelle de sa mort et l'absence de ses compagnons les remplit de défiance, car tous les chefs redoutaient d'être enlevés à leur tour pour être transportés en France. Aussi résolurent-ils de profiter du petit nombre des étrangers pour les jeter à la mer. Par malheur la relation de Cartier se trouve ici interrompue. Nous ignorons les détails qu'il donnait sur le reste de son séjour depuis la fin de septembre 1541 jusqu'au commencement de mai 1542. Il est probable qu'il y eut entre nos compatriotes et nos Canadiens de nombreuses escarmouches, et que le nombre finit par l'emporter sur la vaillance, car Cartier se décida à revenir en France, abandonnant et Charlesbourg-Royal et la petite colonie française. Pourtant nous n'avançons ici qu'une hypothèse que rien autre ne justifie que le caractère bien connu de Cartier, sa vaillance, sa fermeté, et l'amour-propre bien naturel à un chef d'expédition et à un fondateur de colonie, qui lui impose comme un devoir de rester jusqu'à la dernière extrémité au poste qu'on lui a confié. Si donc Cartier renonça à se maintenir au Canada, il est bien probable que ce ne fût que contraint et forcé.

Pendant ce temps que devenait Roberval, et pourquoi ne rejoignait-il pas son lieutenant? Roberval avait grand'peine à recruter ses équipages. Même parmi les condamnés bien peu se souciaient d'échanger les incommodités de leur prison contre la probabilité d'une mort prochaine au Canada. En vain son lieutenant de Senneterre parcourait-il les geôles du royaume. Ses promesses ne décidaient personne. Roberval lui-même était obligé de s'occuper de ce pénible recrutement. On a conservé un document en date du 1er mars 1542, qui le montre comparaissant à cette époque devant le parlement de Rouen afin de réclamer certains criminels, qui devaient faire partie de l'expédition. On a conservé dans les archives du Parlement de Rouen une lettre du chancelier Poyet en date du 10 juillet 1541 où il est dit « que le roi trouvait bien estrange que ledit Roberval n'estoit encore parti ». Enfin il réussit à rassembler ses équipages, et d'après la relation de Hackluyt partit de la Rochelle le 16 avril 1542 (1). Il avait trois grands vaisseaux et menait avec lui environ deux cents colons, hommes, femmes ou enfants. Il avait pour pilote Jean Alfonse surnommé le Saintongeois, pour lieutenant de Senneterre et pour enseigne de Guinecour. Roberval avait écrit la relation détaillée de ce voyage ; elle est aujourd'hui perdue. On ne la connaît que par quelques extraits insérés dans le Recueil de Hackluyt, et par l'analyse de Lescarbot dans son *Histoire de la Nouvelle-France*. Quant au pilote en chef de l'expédition, Jean Alfonse, on a de lui les *Voyages aventureux*, mais avec très peu de renseignements sur l'expédition de Roberval.

Assailli par des vents contraires qui le forcèrent de relâcher à Belle-Isle à l'embouchure de la Loire, Roberval reprit la mer et le 8 juin mouilla dans la rade de Saint-Jean, à Terre-Neuve. Il y trouvait dix-sept navires de pêche, ce qui prouve que les

(1) Une lettre datée de Honfleur (18 août 1542) semble établir que Roberval aurait retardé son départ jusqu'à cette époque, et que Honfleur et non pas la Rochelle aurait été le port de départ ; mais il est probable que la date est controuvée, et qu'il faut lire 1541 et non 1542. Si Roberval se trouvait à Honfleur en avril 1541, il y avait sans doute été appelé par les difficultés du recrutement de ses équipages.

Français fréquentaient de plus en plus ces parages. Il y rencontrait aussi Jacques Cartier et lui ordonnait de rentrer avec lui au Canada; mais le capitaine Malouin, froissé sans doute par la longue indifférence dont il avait été victime, partit secrètement, la nuit suivante, pour se rendre en Bretagne. Si nous avions la suite perdue de sa relation, nous y trouverions sans doute des explications motivées sur ce retour subit. Roberval, que ce départ mettait dans l'embarras, accusa Cartier et les siens de s'être enfuis par vaine gloire, voulant avoir eux seuls tout l'honneur des découvertes qu'ils venaient de faire; mais la crainte des sauvages, alléguée par Cartier comme motif de son retour en France, n'était peut-être pas chimérique. D'ailleurs il était fatigué de lutter depuis si longtemps, et toujours abandonné à ses seules forces, contre les difficultés d'une entreprise naissante. C'est ce qui explique sans doute ce départ précipité. Au moins le voyage de retour fut-il heureux. Dès le mois d'octobre 1542 Cartier était (1)

(1) On aura remarqué la singulière facilité avec laquelle Jacques Cartier se prêtait au rôle de parrain (p. 174-184). M. Joüon des Longrais a relevé, dans les registres de l'état civil de Saint-Malo, la présence de Cartier aux baptêmes. Il en compte cinquante trois. Un de ces baptêmes, celui de Thomas Lebreton (15 octobre 1552), est assez curieux, en ce sens que Cartier y est qualifié de « bon biberon ». On pense malgré soi à la tradition qui veut que Rabelais soit venu à Saint-Malo pour y apprendre de Cartier les termes de marine et de pilotage, dont plus tard « il chamarra ses bouffonesques Lucianismes et impies Epicuréismes. »

revenu à Saint-Malo, car il y tint sur les fonts baptismaux, le 21 du même mois, la fille du lieutenant-gouverneur de la cité, Catherine Moreau de la Féraudière (1).

Pendant ce temps, Roberval continuait à voguer vers le Canada. Il arriva bientôt à l'embouchure du Saint-Laurent, qu'il remonta. En juillet 1542, il débarquait à Charlesbourg-Royal et faisait porter à terre ses provisions, et ses munitions de guerre. Il logea une partie de son monde dans les bâtiments construits par Jacques Cartier, plaça les autres dans un petit fort bâti au pied de la hauteur, et, dès le 14 septembre, fit partir pour la France deux de ses bâtiments, qui devaient avertir le roi de l'issue du voyage et revenir chargés de vivres pour l'année suivante. Ces mesures de précaution n'étaient que trop légitimes, car, après le départ des vaisseaux, Roberval ayant ordonné de dresser l'inventaire des provisions, elles furent jugées tellement insuffisantes qu'il se vit contraint de fixer à chacun sa ration quotidienne. Et encore les jours maigres, c'est-à-dire trois fois par semaine, les mercredis, vendredis et samedis, se procurait-on sur place du poisson, des aloses, des marsouins, et même se contentait-on de morue sèche.

(1) Le retour de Jacques Cartier est encore attesté par un règlement de comptes à propos de blés fournis par le chanoine Jean le Gente à divers équipages. Cartier fut prié de donner son avis sur le prix de ces fournitures. (1er décembre 1542). Cf. Jouon des Longrais, p. 52.

On se demande pourquoi Roberval et ses compagnons n'ont pas essayé de tirer parti de la fécondité et des inépuisables richesses du sol canadien. Que des gentilshommes n'aient pas cru devoir courber leur front sur la terre, on le comprend à la rigueur, surtout si l'on tient compte des préjugés de l'époque; mais tout le monde n'appartenait pas, à Charlesbourg-Royal, aux premiers rangs de la société. Il y avait parmi les colons des ouvriers, des matelots, de simples soldats, des condamnés, et eux aussi mouraient de faim par leur faute. En quittant sa patrie pour s'établir au nouveau monde, tout Européen croyait alors pour ainsi dire monter en dignité, et, du haut de son orgueil, rougissait des travaux dont il s'honorait dans son pays. En outre, la fièvre de l'or avait grisé tout le monde. Un contemporain, Lescarbot, a naïvement décrit cette singulière erreur économique, qui amena tant de désastres au seizième siècle. « S'ils ont eu de la famine, écrit-il, il y a eu de la grande faute de leur part de n'avoir nullement cultivé la terre, laquelle ils avoient trouvée descouverte. Ce qui est au préalable de faire avant toute chose, à qui veut s'aller pescher si loin de secours. Mais les Français et presque toutes les nations du jourd'hui ont cette mauvaise nature qu'ils estiment déroger beaucoup à leur qualité de s'adonner à la culture de la terre, qui néant moins est à peu près la seule vaccation où réside l'innocence : de là vient que chacun fuiant ce noble travail, cherche à se faire gentilhomme aux dépens d'autrui; on veut apprendre tant seulement le métier de trómper les hommes, ou se gratter au soleil. » La conséquence de cette erreur fut déplorable pour les premiers colons canadiens. La maladie qui s'était déclarée six ans auparavant parmi les hommes de Cartier, le scorbut, éclata parmi ceux de Roberval et exerça de si grands ravages que cinquante d'entre eux, à peu près le quart de l'effectif, en moururent.

La colonie d'ailleurs était mal recrutée et portait dans son sein les germes d'un mal qui l'exposait à une prompte dissolution. On sait que François Ier, à défaut des volontaires qui ne se présentaient pas, avait permis à Roberval de faire sortir de prison tous les condamnés à mort qui voudraient bien le suivre au Canada. Il est probable que, parmi les deux cents colons qu'il menait avec lui, Roberval avait choisi surtout ceux que leur bonne santé ou leurs aptitudes au travail désignait à ses préférences. Or de pareils colons ne devaient pas, du jour au lendemain, changer brusquement de caractère, et donner l'exemple des vertus. Ils devaient surtout être bien incapables d'attirer par leur bonne conduite et leur moralité les Canadiens au christianisme. Roberval fut à diverses reprises obligé de sévir. Thevet l'accuse quelque part de s'être montré trop sévère : « Si quelqu'un défaillait, écrit-il dans un ouvrage encore manuscrit, *le Grand Insulaire*, soigneusement il le fesoit punir. En ung jour, il en fit pendre six, encore qu'ils fussent de ses favoris, entre autres un nommé Galloys, puis Jehan de Nantes. Il y en eut d'autres qu'il fit exiler ayant les fers aux pieds pour avoir été trouvés en larcin d'objets qui vaudraient cinq sols tournois; d'autres furent fustigés pour le mesme fait, tant hommes que femmes, pour s'estre simplement battus et injuriés. » Il se peut en effet que Roberval se soit parfois montré sévère, mais il est probable que, dans cette société plus que mêlée, il était obligé de maintenir à tout prix le bon ordre, même en exagérant la discipline. Nous ne saurions lui en faire un reproche.

Aussi bien le mauvais exemple partait de haut. Son propre lieutenant, Auxhillon de Senneterre, se prit un jour de querelle, sous un futile motif, avec un matelot, un certain Nicolas Barbot, et le poignarda. Ses amis voulurent le défendre, et, dans le tumulte qui s'éleva, deux matelots furent tués. Roberval était obligé de condamner les coupables. Il ne manqua pas à son devoir : seulement, en vertu de ses pouvoirs spéciaux, « aussi eu égard que ledict suppliant a faict ce en ferveur et bon zèle du service du Roy, et pour éviter l'éminent péril auquel il se voyait pour la gression et rebellion susdictes », il lui donna des lettres de grâce, en date du neuf septembre 1542. Il est vrai que, pour éviter le retour de semblables scènes, et sans doute aussi pour se débarrasser d'un lieutenant, dont il redoutait ou l'incapacité ou le mauvais caractère, il se hâta de le renvoyer en France. Ce fut en effet Auxhillon de Senneterre qui fut chargé de conduire à la Rochelle et de désarmer les deux navires, que Roberval ne voulut pas garder au Canada. (Lettre de Roberval, en date du 11 septembre 1543.)

Dans sa propre famille, Roberval était fort mal obéi. Il avait mené de France avec lui une de ses parentes, une jeune fille, sa nièce ou sa cousine, nommée Marguerite de Roberval. Un gentilhomme, amoureux de Marguerite, s'était embarqué sur le même navire, et, de connivence avec une vieille servante nommée Damienne ou Bastienne, obtint de fréquents rendez-vous. Outré de fureur quand il apprit cette coupable conduite, Roberval abandonna sa parente dans une île déserte, non loin de Terre-Neuve, qui fut depuis désignée sous le nom d'Ile de la Demoiselle et ne lui laissa que sa servante, quatre arquebuses et des munitions. La reine de Navarre, Marguerite de Valois, a raconté dans son *Heptaméron* (1549) la romanesque histoire de cette infortunée. C'est la nouvelle LXVII : Extrême amour et austérité de femme en terre étrange. Thevet dans sa *Cosmographie* (1575), a donné comme une seconde édition de cet étrange récit; nous préférons sa version à celle de *l'Heptaméron*, car il connut l'héroïne de l'histoire, qu'il écrivit pour ainsi dire sous sa dictée. On nous saura gré d'avoir reproduit ce dramatique épisode de l'histoire des premiers colons français au Canada.

« La pauvre femme estant arrivée en France, après avoir demeuré deux ans et cinq mois en ce lieu-là, et venue en la ville de Nontron, pays de Perigort lors que j'y estois, me feit le discours de toutes ses fortunes passées, et me dit entre autres que le gentilhomme, voyant ceste cruauté, et craignant qu'il ne luy en fust fait autant en quelque autre isle, fut si transporté, que oubliant le péril de mort auquel il se lançoit, et les récits espouventables qu'on luy avoit fait de ceste terre, prit son harquebuze et habits avec un fusil et peu d'autres commoditez, quelque muyd de biscuit, citre, linge, ferremens, et plusieurs choses nécessaires pour leur service, et se jecta en l'isle pour tenir compagnie à sa maistresse où Roberval les laissa, marry du tort que sa parente luy avoit fait et joyeux de les avoir punis sans se souiller les mains en leur sang. Comme ils sont là, ils dressent leur petit ménage, bastissent une loge de fueilles, et se font des lits de mesme, jusques à ce qu'ils eurent occis des bestes en abondance, desquelles ils mangeoient la chair, et vivoient de fruicts, car de pain ils n'avoient moien d'en avoir... Durant ce temps, ceste femme devint grosse, et, comme elle estoit pres de son terme, le pauvre gentilhomme trespassa de tristesse et fascherie, qu'en huict mois qu'il estoit là, il n'estoit passé vaisseau quelconque, duquel ils pussent avoir secours, soulagement et liberté. Ceste mort fut fascheuse à la femme : toutefois faisant de nécessité vertu, tant la maistresse que servante, se deffendoient trés vaillamment des bestes farouches avec leurs harquebusses et l'espée du deffunct et estoit si adextre à tirer de l'harquebuze que pour un jour elle m'a asseuré avoir tué trois ours, dont l'un estoit aussi blanc qu'un œuf. Produit qu'elle eut son enfant, et baptisé à sa mode, au nom de Dieu, sans cérémonies, voicy fortune qui luy va donner un autre assault. Ce fut que sa servante suyvit le chemin du gentil amoureux, le seize ou dix-septième mois qu'ils estoient dans l'isle, et, peu de temps après, l'enfant alla suyvant la route des deux premiers. C'est icy que la pauvre maladvisée se desconforte, n'ayant plus à qui parler, si ce n'est aux bestes, contre lesquelles elle estoit en guerre nuit et jour... A la fin, ayant par l'espace de deux ans cinq mois demeuré en ce lieu, comme quelques navires de basse Bretaigne passassent par là, allans pescher des morues, elle estant sur le bord de l'eau, leur criant à l'aide, leur fit signe avec fumée et feu... A la fin ils s'approcherent, et sachant que c'estoit, la receurent au navire et ramenerent en France... de la bouche de laquelle j'ay sceu et entendu ceste pitoyable histoire de sa pénitence... Et me dit outre, que lorsqu'elle s'embarqua dans ces navires de Bretaigne pour s'en retourner en France, luy print une certaine volonté de ne passer plus avant et mourir en ce lieu solitaire comme son mary, son enfant et sa servante, et qu'elle desiroit y estre encore, agitée de tristesse comme elle estoit. »

L'inhumaine conduite de Roberval vis-à-vis de sa parente ne lui porta pas bonheur. Au reste il comprenait bien lui-même l'insuffisance de ses moyens.

et faisait peu de fond sur l'avenir de la colonie. Les sauvages ne voulaient pas entrer en relations avec les Français. Ils faisaient en quelque sorte le vide autour de nos hommes. Aucun d'eux ne paraissait, pas même pour échanger les produits de sa chasse ou de sa pêche contre les mille babioles européennes, qui plaisent tant aux sauvages. L'hiver avait été fort rigoureux, les vivres manquaient, et il fallait à tout prix trouver des ressources dans l'intérieur du pays, où la famine était menaçante. Le 6 juin 1543, Roberval, laissant à Charlesbourg-Royal trente hommes, commandés par son nouveau lieutenant, le sieur de Royèze, avec des vivres pour un mois, partit avec une flottille de huit barques et soixante-dix personnes. Son voyage ne fut pas heureux. Il réussit pourtant à ramasser cent vingt livres de grains, que Villeneuve, Talbot et trois autres volontaires portèrent à Royèze et trouva dans le pays des vivres en quantité suffisante pour nourrir le reste de ses hommes. En septembre 1543, il était de retour à Charlesbourg-Royal, et y trouva des lettres de François Ier, qui lui prescrivaient de renoncer à l'entreprise et de retourner en France.

Roberval avait également envoyé son maître pilote, Alfonse le Saintongeois, tenter une exploration des côtes septentrionales. Jean Alfonse était un marin fort réputé par ses connaissances nautiques et sa hardiesse. Il avait parcouru toutes les mers alors connues, et ramassé un véritable trésor de renseignements, qu'il se réservait, à la fin de sa carrière, de condenser dans un ouvrage. A défaut de Cartier, qui s'était dérobé par son retour en France à ce périlleux honneur, Alfonse fut chargé par Roberval d'examiner les côtes au nord de l'embouchure du Saint-Laurent, afin de trouver le passage, qu'on cherchait avec tant d'ardeur, vers les Indes Orientales. Voici comment le père Chrestien Leclerc, dans son *Histoire de l'establissement de la foy*, résume cette exploration : « Le sieur de Roberval entreprit quelques voyages considérables dans le Saguenay et plusieurs autres rivières. Ce fut lui qui envoya Alfonse, pilote très expert, Xainctongeois de nation, vers Labrador, afin de trouver un passage aux Indes-Orientales, comme il espérait. Mais Alfonse n'ayant pu réussir dans son dessein à cause des montagnes de glace qui l'empêchèrent de passer plus oultre, fut obligé de retourner à M. de Roberval, avec ce seul avantage d'avoir découvert le passage qui est entre l'île de Terre-Neuve et la grande terre du Nord, par les 52 degrés. » Il semble résulter de ce passage que Jean Alfonse se serait avancé assez loin dans le nord, peut-être jusqu'à l'entrée de ces mers qui portent aujourd'hui le nom d'Hudson, de Davis, de Baffin. Il aurait donc été le précurseur de ces hardis marins dans ces dangereux passages. Ce n'est il est vrai qu'une hypothèse de notre part, et nous n'avons aucun texte pour la justifier. Jean Alfonse avait composé un journal de bord, mais nous ne le connaissons plus que par la traduction très fautive et très incomplète du collectionneur anglais Hackluyt. (*Course from Belle isle, Carpont, and the grand Bassin Newfoundland up the river of Canada for the space of 230 leagues, observed by John Alphonse of Xaintoigne chief-pilote to monsieur Roberval.* 1547.)

Jean Alfonse a également parlé de cette exploration des mers du Nord dans sa *Cosmographie*, dont le manuscrit original est conservé à la Bibliothèque nationale, et dans les *Voyages aventureux*, dont la première édition parut en 1559, mais tout est vague dans la narration qu'il fait de ses voyages. Le pays s'y fait plutôt entrevoir que reconnaître. Ainsi, parlant de la rivière de Saguenay «j'estime, dira-t-il, que ceste mer va à la mer Pacifique ou bien à la mer du Cattay. » Il parlera également « d'un cap situé par les trente six degrez où il fut un jour et demy le cap à l'ouest sans veoir terre jusque à la hauteur de trente et cinq degrez » et des terres de Canada et d'Hochelaga, qui « tiennent à la Tartarie, et pense que ce soit le bout de l'Asie selon la rondeur du monde. Et pour ce il seroit bon avoir un navire petit de soixante et dix tonneaux pour descouvrir la coste de la Fleuride, car j'ay esté à une baye jusque à 42 degrés, entre Norembegue et la Fleuride, mais n'ay pas veu du tout le fond et ne scay pas s'il passe plus avant. » Il est par conséquent impossible de déterminer avec précision la région entrevue par l'aventureux pilote.

Rappelons au moins que les contemporains l'avaient en haute estime. Melin de Saint-Geláys, le poète, s'est fait en quelque sorte l'interprète de l'opinion courante quand il a dit de lui :

> Alfonce ayant suivi plus de vingt et vingt ans
> Par mille et mille mers l'un et l'autre Neptune,
> Et souvent défié l'une et l'autre fortune,
> Mesmes dedans les fons des goufres aboyans.

Roberval n'avait donc réussi ni par lui-même, ni par ses lieutenants. Il ne lui restait plus qu'à obéir aux ordres du roi, et, ce qui dut être pour lui un véritable crève-cœur, ces ordres lui étaient transmis par Jacques Cartier. Ce dernier venait en effet d'être chargé par François Ier de diriger un quatrième voyage au Canada, et de ramener les débris de l'expédition de Roberval.

Aucun acte authentique ne prouve ce quatrième voyage, et on n'a jamais connu que la relation des trois premières expéditions : mais un passage assez obscur de Lescarbot, l'auteur de *l'Histoire de la Nouvelle-France,* fait allusion à cette expédition. « Par aventure, écrit-il, ledit de Roberval fut mandé pour servir le Roy pour deça, car je trouve par le compte dudit Quartier qu'il employa huit mois à l'aller quérir après y avoir demeuré dix sept mois ». En outre un document fort curieux, retrouvé et signalé récemment, démontre la réalité de ce quatrième voyage. Il s'agit d'un règlement de comptes entre Roberval et Cartier au sujet des sommes que le roi aurait avancées pour cette expédition. Le lieutenant-général et le capitaine malouin, continuant leurs dissentiments d'autrefois, n'auraient pu réussir à s'entendre pour la liquidation de l'entreprise. Cartier ayant exigé que l'affaire fut traitée juridiquement, obtint du roi par ordonnance datée d'Evreux le 3 avril 1544 la nomination de commissaires devant lesquels Roberval comparaîtrait en personne. « Sera procédé par vous (maître Legoupil, conseiller et lieutenant en l'amirauté de France au parlement de Rouen) et lesdicts commissaires à l'exécution de ceste présante commission, ouyr aussi le différent d'entre lesdicts de Robertval et Cartier, tant sur le faict de ladite recepte et despence que aultres par eux respectivement prétendues, pour apres nous donner advis et aux gens de notre conseil privé... » L'affaire fut soigneusement étudiée. Cartier prouva que non seulement il avait dépensé les sommes qui provenaient de la munificence royale, mais encore qu'il avait avancé sur son propre fonds, et de son argent 1638 livres. En conséquence, le 21 juin 1544, les commissaires de l'amirauté rendirent une sentence, qui lui donna gain de cause sur tous les points débattus.

Bien qu'il soit difficile d'assigner une date précise à ce quatrième voyage, remarquons néanmoins que la présence de Cartier à Saint-Malo est attestée par les registres de l'état civil, ou par divers procès, sauf pour une lacune de quelques mois, entre avril et novembre 1543 : Le quatrième voyage pourrait avoir été entrepris dans cet intervalle.

Trois documents contemporains de l'expédition de Roberval et Cartier ont été conservés, qu'il importe de signaler en passant à cause de l'intérêt qu'ils présentent ; le premier est une mappemonde dite de Henri II, le second un atlas dit de Vallard, et le troisième une mappemonde par Pierre Desceliers.

La mappemonde dite de Henri II, dont l'original appartient aujourd'hui au comte de Crawford et Balcarres a été dressée à Arques en 1546 par un prêtre, Pierre Desceliers, qui fut un des créateurs de l'hydrographie française. L'Amérique du Nord est dessinée d'après les découvertes récentes. A côté des vieilles dénominations portugaises qui n'ont pas encore disparu figurent tous les noms imposés par Cartier, Canada, Hochelaga, rivière des Coudres, Saguenay, terre de Tiennot, etc. De curieuses illustrations accompagnent le texte. Ici dans une forêt de sapins et de peupliers, assis sur un trône rustique, un vieillard à longue barbe, rend la justice. Là des sauvages se préparent à la chasse contre des cerfs et des ours. Sur les bords du Saguenay, non loin d'une forteresse dont les tourelles dominent la contrée, un gentilhomme, accoutré à la mode du temps semble haranguer une troupe de soldats européens, armés de lances et de mousquets : et pour que le doute ne soit pas permis on donne le nom du gentilhomme « monsieur de Roberval. » Sans doute la précision manque, mais on reconnaît déjà les traits généraux du pays, et certaines parties, ainsi les côtes et ce qu'on connaissait du Saint-Laurent, sont traitées avec force détails.

L'atlas dit de Vallard fut composé, en 1547, par un cartographe dieppois nommé Vallard, qui d'ailleurs est complètement inconnu. Il est conservé dans la collection de Thomas Philips à Cheltenham. La carte de l'Amérique septentrionale a été inspirée en partie par la mappemonde de Henri II. Dans la région du Canada on remarque de nombreux personnages des deux sexes, costumés à l'européenne, et autour desquels se pressent des sauvages en armes.

La mappemonde de Pierre Desceliers, aujourd'hui conservée au British Museum, date de 1550. Sur l'emplacement du Canada est inscrite cette légende : « C'est la demonstracion d'aulcuns pays descouvertz puisnez pour et aux despens du tres xien Roy de France Francoy pmier de ce nom. Luns nôme Canada Ochelaga et Sagné assis vers les parties occidentalles environ par les cinquante degrez de latitude. A iceulx pays a esté envoyé (par ledict Roy) honeste et ingénieux gentil hôme mons. de Roberval avec grande côpagnie de gentz d'esprit tant gentilz hôme côme aultres et avec iceulx grande compainye de gentz criminels desgradés pôr habiter le pays. Lequel avoit esté pmierement descouvert par Iaques Cartier demeurant à Sainct-Malo. Et pour ce que ilz na esté possible (avec les gentz dudict pays) faire trafique, à raison de leur austérité, intemperance dudict pays et petit profit, sont retournez en France espérant y retourner quand il plaira au Roy. »

Les voyages de Cartier et de Roberval furent donc connus en France presque aussitôt après leur exécution, et les trois documents géographiques que nous venons d'analyser démontrent que la connaissance des terres nouvelles se répandit assez vite.

Il est encore un ouvrage, inédit en partie, et qui se trouve à la bibliothèque nationale de Paris, où sont décrits avec force détails le Canada et terres adjacentes. C'est un manuscrit composé de 1546 à 1547 par Jehan Mallart, et qui est intitulé : *Premier livre de la description de tous les portz de mer de l'univers. Avecques sommaire mention des conditions différentes des peuples et adresse pour le rang des vents propres à naviguer*. Jehan Mallart, que l'on connaît encore sous le nom de Mallard ou Maillard, avait entendu parler de Cartier. Il le cite dans ses vers, car ce manuscrit est un poëme :

Par bons pillotes qui scavent les hauteurs
Comme ceulx-cy tres bons navigateurs
Iaques Cartier, Crignon, ou par soin,
Ou aultres gens experts au faict marin ;.....

Il ne fait pourtant aucune allusion aux récentes découvertes, mais il décrit les pays nouvellement visités, ce qui prouve qu'il connaissait sinon les relations de Cartier, au moins les *Voyages aventureux* d'Alfonse le Saintongeois. Il est difficile de composer des vers moins harmonieux et plus pédantesques, mais ce poème est utile à consulter à cause des indications. Voici les principaux passages relatifs à l'Amérique du Nord.

Les gens icy habitans en ces lieux
De Labrador sont couvers et vestuz
De peaulx, et sont sus terre leurs maisons.
La terre est froide et pleine de glaçons,
De pins couverte, et d'aultres boys en place
Ny en a point. La coste pour la glace
Est dangereuse et disles mesmement.
. . . .
En terre neufve a de bons ports et hables,
Meilleurs deurope et fort belles rivieres,
Grant pescherie et choses admyrables;
Pleine est de pins et boys sur les lisieres.
La coste gist jusques au cap de Ratz.
Au nord et su les gens de corps et bracz,
Ils sont fort grands et tirent sur le noir,
Gents bestiaulx qui nont foy ny espoir,
Et rien qui soit, mais sont mauvais ruraulx.
En ceste coste a disles et isleaux
Un grand nombre, et Tabayos se disent.
Les gens icy ont des fruicts qui produisent.
Tant seulement leur vie et de poissons,
De chair aussi sans en faire cuyssons,
Ainsi quung chien ilz vivent en la sorte.
. . . . Je veulx

Dire en ce poinct que tres bon terroy cest,
Rivieres, ports, et terres bien fertilles
A en ce lieu, et mesme bonnes villes.
Et roy aussi. Comme aux Indes credence
Ont au Soleil auquel font reverence,
Et à la Lune en voyant sa splendeur.
Ils sont tous noirs et de nostre grandeur
Au pays ont force pelleterie,
Duquel na pas jusque à la Tartarie.

. . . . , ...

Passé ceste isle que dessus marque.
Tourne la coste au oest et est suest,
Jusques à la riviere Novemberque
Tout de nouveau descouverte, et celle est
Assise par trente degrez, et disent
Aucuns pillotes, qui toutesfois mesdisent,
Que icy on trouve ung assez bon passage.
Car nul nen a encore trouvé lusage.
A son entree a des isles et bancz,
Force rochiers s'y trouvait aussi leans.

Mallart n'était certes pas un poète, mais son routier mériterait les honneurs de l'impression, et il n'était pas inutile de le citer, pour prouver que les contemporains prenaient un vif intérêt à ces lointaines explorations.

Roberval lui-même, malgré toutes les déceptions qu'il avait éprouvées, trahi par les siens, abandonné par ses amis, malheureux dans toutes ses tentatives, ne renonça pas à sa vice-royauté américaine. Il aurait peut-être mieux fait, s'il n'eût consulté que ses intérêts immédiats, de rester en Picardie et d'y administrer tranquillement ses domaines, mais il était comme poursuivi par l'idée d'augmenter sa fortune et d'aller conquérir un royaume au delà des mers. Non content de son premier insuccès, il voulut encore tenter la chance d'une seconde tentative de colonisation. Comme le roi ne pouvait que l'accuser d'imprévoyance et nullement de lâcheté ou de concussion, et que d'ailleurs les termes de son privilège l'investissaient du droit absolu de commercer au Canada et d'y exercer dans leur plénitude les attributions royales, Roberval prépara une seconde expédition. Il s'était cette fois fait accompagner par son frère, si brave soldat que François Ier l'avait surnommé le gendarme d'Hannibal. Cette expédition eut lieu vers 1548 ou 1550. Elle échoua misérablement. Roberval y périt avec tout son monde. Thevet, l'ami particulier de Roberval, qu'il appelle quelque part (1) « mon familier » affirme qu'il fut assassiné la nuit, près le charnier des Innocents, mais la tradition courante est qu'il mourut en Amérique avec son frère et ses compagnons, sans qu'on ait jamais eu d'autres détails sur cette catastrophe qui devait arrêter pour de longues années les progrès de la Nouvelle-France.

CHAPITRE VI.

Cartier allait à son tour disparaître de l'histoire. Il paraît que le roi l'aurait récompensé de ses ser-

(1) Thevet, *Cosmographie universelle*, p. 1019.

vices en lui conférant la noblesse. Il est en effet qualifié sieur de Limoilou dans un acte du chapitre de Saint-Malo, la fondation d'un obit, en date du 29 septembre 1549 (1). Dans un autre acte du 5 février 1550, on le désigne sous le nom de *noble homme*, qualification qu'on ne donnait en effet qu'à ceux qui avaient été anoblis. Remarquons néanmoins qu'il n'était pas besoin de lettres de noblesse pour prendre la qualité de sieur de Limoilou; car les bourgeois de Saint-Malo s'intitulaient volontiers seigneurs de leurs biens, même quand ces biens étaient assujettis à des cens non rachetables : ce qui justement était le cas pour la terre de Limoilou, qui, dépendant du bailliage de la Houssaye et de la seigneurie du Valéon, demeurait par conséquent roturière et payait un cens. Aussi bien, dans un acte du 9 mars 1556, un partage noble, Jacques Cartier figure en qualité de priseur, mais de priseur non qualifié; ce qui infirmerait son prétendu anoblissement. Cette soi-disant seigneurie de Limoilou était située près de Saint-Malo, à la limite des paroisses de Paramé et de Saint-Coulomb, à environ 1,000 mètres de la côte. Le manoir de l'homme qui avait donné un royaume à la France a subsisté presque entier jusqu'en 1865. Les bâtiments étaient disposés des deux côtés d'une cour carrée, fermée par de grands murs à ses deux

(1) Abbé Manet, *Malouins célèbres*, p. 52. — Joüon des Longrais, p. 68.

autres extrémités. Ils n'avaient qu'un étage sur rez-de-chaussée. Une tourelle ronde, en saillie sur la cour, contenait l'escalier. On entrait dans la cour par une grande porte charretière, ornée d'un écusson avec armes parlantes, un franc quartier sur le champ de l'écusson. Ce manoir et ses dépendances étaient en mauvais matériaux, le capitaine ayant gagné plus de renom que d'argent à ses expéditions. Ils ont disparu en 1865 pour faire place à une maison de ferme, mais les habitants ont conservé le souvenir du grand navigateur, car le canton porte encore le nom de Portes Cartier.

Cartier ne paraît pas avoir repris la mer. Sa présence à Saint-Malo de 1544 à 1557, époque de sa mort, est en effet attestée par de nombreux documents. Non seulement on le prie, à diverses reprises, de tenir des enfants sur les fonts baptismaux, mais, à chaque instant, on a recours à son témoignage comme juré ou comme interprète, et à son expérience comme armateur ou comme capitaine. Bien des fois aussi il est cité en justice à l'occasion de nombreux procès qui lui sont intentés ou qu'il soutient (1). Ainsi le 17 décembre 1544, il affirme qu'il n'existe pas dans toute la Bretagne de navires de plus de deux cents tonneaux (2). Le 18 juillet 1545 il dépose en fa-

(1) M. Joüon des Longrais (p. 162-171) a eu la patience de relever les procès de Jacques Cartier et son évocation dans diverses procédures. Il en a compté soixante-dix-neuf!

(2) JOÜON DES LONGRAIS, p. 60.

veur d'un blasphémateur, François Menier, attendu « qu'il l'a vu plus d'une douzaine de foiz en fureur, mes qu'il est un enfant » (1). Le 27 juillet 1548 il indique diverses mesures de précaution à prendre contre la peste (2). Le 29 janvier 1552, il figure comme témoin dans le procès d'un voleur fameux, Pasdalot, qui l'accable d'injures (3). Ce Pasdalot avait inventé, pour se mettre à couvert, un procédé assez original. Quand il était pris en flagrant délit, il criait de loin : « n'approchez pas ! J'ai vu des contagiez. » Aussitôt le témoin s'enfuyait, et Pasdalot continuait tranquillement son opération. Il fut du reste pendu haut et court. Le 16 juin 1556 Cartier déposait en faveur de Perrine Gandon, accusée injustement (4) d'avoir fait gras aux jours interdits. Le 27 juillet 1556 il était chargé d'établir une échelle de la valeur du blé et du prix du pain. Son travail fut même jugé si complet qu'il servit à faire les années suivantes des échelles de rapport des prix du blé et du pain : et à ce propos nous ne saurions trop admirer la simplicité avec laquelle le grand découvreur acceptait ces occupations banales (5). Le 27 novembre 1556 on recourait à son expérience nautique sur la direction des courants marins aux environs de Saint-Malo (6).

(1) JOÜON DES LONGRAIS, p. 62.
(2) ID., p. 67.
(3) ID., p. 70.
(4) ID., p. 87-88.
(5) ID., p. 89-92.
(6) ID., p. 93.

Les derniers actes où figure Cartier sont de l'année 1557 et relatifs soit à des faits de course (1), soit à des évènements d'ordre privé (2). C'est en effet en 1557 que mourut le navigateur malouin. On ignorait jusqu'à ces derniers temps la date précise de sa mort. M. Joüon des Longrais l'a retrouvée en marge d'un des registres du greffe de Saint-Malo, juxtaposée à un insignifiant narré de procédure. « Ce dict mercredy (1er septembre 1557) au matin environ cinq heures deceda Jacques Cartier. » La peste régnait alors à Saint-Malo. Elle avait même redoublé d'intensité depuis le commencement de l'été, car des règlements de voirie que l'on a conservés enjoignent diverses prescriptions sanitaires. Jacques Cartier fut peut-être une des victimes de l'épidémie (3).

Cartier ne laissa pas d'enfant de son mariage avec Catherine Desgranches. Il ne transmit par conséquent sa noblesse, ou sa prétendue noblesse, à personne, et c'est ce qui a fait disparaître si rapidement le nom de l'illustre navigateur malouin. Au moins restera-t-il à juste titre dans nos annales nationales comme celui de l'un de nos meilleurs marins. Ainsi que l'a écrit un de ses admirateurs, M. Léon Guérin, dans ses *Navigateurs français* : « On ne peut se défendre de faire remarquer avec quelle prudence, quel tact, quel jugement admirable et en

(1) Joüon des Longrais, p. 99.
(2) Id., p. 104.
(3) Id., p. 106

même temps avec quel courage Jacques Cartier pénétra sans accident dans des pays ignorés, quoique avec de très faibles moyens. En examinant sa conduite, on ne le trouve pas seulement un grand navigateur, on voit en lui un habile politique, un observateur puissant, un maître accompli dans l'art de se préparer les voies au milieu de populations inconnues. Que l'on compare de près cette conduite avec celle des Cortez et des Pizarre, et l'on verra que, la question d'humanité même laissée de côté, ce n'est pas à ceux-ci qu'est l'avantage. » En effet, l'œuvre fondée par Cartier subsiste encore, et bien que cette nouvelle France, qu'il avait espéré rattacher à la métropole par des liens étroits, en soit aujourd'hui séparée, plusieurs centaines de mille Canadiens se souviennent encore qu'il est le plus glorieux de leurs ancêtres.

Depuis la mort de Cartier et de Roberval jusqu'à l'époque de la fondation de Québec par Champlain, en 1608, l'histoire n'a plus à enregistrer que des tentatives isolées au Canada. La cour de France abandonne toutes ses vues sur ce lointain pays, et cette indifférence, trop absolue pour ne pas être systématique, dure jusqu'au règne de Henri IV. Il est vrai que tout l'effort de la colonisation se portait alors dans une autre direction, vers le Brésil et la Floride. On trouvait le climat canadien trop rude et la contrée trop stérile. On préférait les splendeurs de la forêt brésilienne ou le doux climat floridien.

Pourtant les Basques, les Bretons, les Normands, et tous les hardis pêcheurs qui fréquentaient depuis si longtemps les parages de Terre-Neuve continuèrent à s'y rendre pour la pêche de la morue et de la baleine (1). Quelques-uns même abordèrent sur le continent, y lièrent insensiblement commerce avec les indigènes et peu à peu la traite des peaux et fourrures procura de tels bénéfices à nos matelots qu'ils la préférèrent à la pêche, et devinrent des négociants. En général ils se rendaient au port de Tadoussac, qui devint ainsi comme le marché régulateur de cet important commerce. Ils y échangeaient nos marchandises d'Europe, fers de flèche, épées, haches, tranchets pour rompre la glace d'hiver, couteaux et chaudières contre diverses fourrures, surtout celles de castors, de renards, de loutres, de martres et de blaireaux. Les Canadiens étaient aussi fort avides de couvertures et de vêtements, et très friands de biscuits, de pruneaux et de raisins secs.

(1) Le beau-frère de Cartier, Macé Jalobert, « mestre après Dieu du navire la *Marguerite Bonadventure* », François Crosnier, Guillaume Sequart, Thomas Maingart, Jehan Hamon soutiennent des procès, concernant la pêche de la morue, par devant les parlements de Rouen et de Rennes en 1554 et 1555. — Cf. La Borderie. *Documents inédits sur Jacques Cartier et ses compagnons* (*Revue de Bretagne et Vendée*, 1880, t. II p. 377). Interdiction de la pêche des morues en 1560, 1567, 1568, 1580 etc. — Cf. Joüon des Longrais. *Les Malouins à Terre-Neuve avant Jacques Cartier et depuis jusqu'au commencement du dix-septième siècle.*

C'était à la fin du printemps ou au commencement de l'été que les négociants français se rendaient à Tadoussac. En 1610, plusieurs y arrivèrent le 19 mai, et Champlain, qui était présent, remarque, d'après le témoignage des sauvages les plus âgés, que, depuis soixante ans, aucun navire français n'était arrivé de si bonne heure. Donc, depuis la mort de Cartier, les relations entre la France et le Canada n'avaient jamais été interrompues.

Fidèles à leurs traditions, les Malouins allaient assidûment à Tadoussac. C'était même dans la famille de Cartier comme un privilège et presque un monopole accepté par tous que cette exploitation des fourrures. Jacques Nouël son petit-neveu, le fils de cet Étienne Nouël, que nous avons vu accompagner Jacques Cartier dans son second et son troisième voyage, allait souvent au Canada. On a conservé de lui une lettre de l'année 1587 dans laquelle il se vante d'avoir remonté le Saint-Laurent au delà des trois sauts. Il parlait aussi, dans cette même lettre, d'une carte marine fort bien dessinée et rédigée de la propre main de Jacques Cartier (1). Il nous

(1) Lettre à Jean Groote : «... Je ne puis vous écrire rien davantage de tout ce que j'ai pu trouver des écrits de feu mon oncle le capitaine Jacques Cartier, à l'exception d'un certain livre fait en manière d'une carte marine, laquelle a été redigée de la propre main de mon oncle susdit, et qui se trouve en la possession du sieur de Cremeur. Cette carte est passablement bien tracée et dessinée en tout ce qui regarde toute la rivière du Canada, etc. »

apprenait que ses fils, Michel et Jean Nouël, arrière-petits-neveux de Cartier, étaient cette année-là même au Canada. « Si à leur retour, ajoutait-il, ils ont appris quelque chose qui vaille la peine d'être rapporté, je ne manquerai pas de vous le faire savoir. »

Ce même Jacques Nouël fut le premier négociant qui demanda une commission royale pour faire exécuter à ses propres frais le dessein de Francois Ier. Associé pour des entreprises commerciales au sieur de la Jannaye-Chaton, son parent, un autre arrière-neveu de Cartier, et ayant eu à supporter en 1588 des pertes considérables par la malveillance et peut-être la jalousie de certains rivaux, qui lui avaient brûlé trois ou quatre navires, il s'adressa à Henri III pour obtenir de lui une commission semblable à celle que François Ier avait accordée à leur oncle. Ils appuyèrent leur demande sur les services que Cartier avait rendus à l'État et sur ce que, dans son troisième voyage, il avait dépensé une somme, pour le service du roi, dont ni lui ni ses héritiers n'avaient jamais été remboursés. Les réclamants faisaient en outre remarquer « qu'ils ont esté nourris dès leur jeunesse au faict de la marine, et en ensuivant les memoires, cartes et instructions que leur a laissés leur feu oncle, leur aiant sur ses derniers jours, recommandé l'execution et continuation de son entreprise. » Ils avaient eux-mêmes voyagé au Canada, y avaient découvert des mines, et en ramenaient des indigènes.

Après les grandes dépenses faites sans résultat par François Ier au Canada, par Henri II au Brésil, par Charles IX en Floride, la cour semblait peu disposée à faire de nouveaux sacrifices d'hommes et d'argent; mais Nouël et la Jannaye-Chaton s'avisèrent d'un expédient. Ils proposèrent à Henri III de fonder à leurs frais une colonie, à condition que le roi leur accorderait pour douze ans le privilège de trafiquer seuls avec les indigènes, d'exploiter seuls des mines de cuivre qu'ils prétendaient avoir découvertes au cap de Conjugon, et défendrait à ses autres sujets de les troubler dans la jouissance de leur monopole. Henri III avait tout à gagner et rien à perdre en accordant l'autorisation sollicitée. Il donna donc son consentement, et par lettres patentes datées de Paris, le 14 janvier 1588, Nouël et la Jannaye devinrent les successeurs officiels et les continuateurs de Cartier et de Roberval. On lisait en effet dans les lettres patentes : « Avons accordé que eulx seuls et leurs facteurs et entremeteurs ayans pouvoir d'eux, ilz puissent faire tout le traficq et commerce dudict païs de Canada, Conjugon et terres adjaczantes, pour en faire leur proffit et en jouir, tant de ce qu'il proviendra des dictes minieres descouvertes et à descouvrir que du traficq des dictes pelleteries et autres marchandises : et cependant les dictes douze années prochaines... et par ce qu'il sera besoing d'hommes et femmes à faire la peuplade audict païs, veullons, conformément aux lettres patentes de notre dict feu sieur et aïeul qu'il leur soit par noz courts de parlement, juges presidiaulx et autres nos juges délivré jusques au nombre de soixante prinsonniers par chacun an de ceulx qui seront jugez et condampnez à mort ou aultre peyne corporelle. » Le roi leur permettait en outre de construire les forts et bâtiments qu'ils jugeraient nécessaires à la protection de leurs établissements, d'équiper tous les navires dont ils auraient besoin. Il leur accordait le droit de haute et basse justice sur tous les Français du Canada. Il les engageait à traiter avec douceur les indigènes afin de les attirer à la religion, et « generallement leur permettoit de faire toutes les ouvres et ouvertures de conquestes soubz nostre nom et auctorité par toutes les voies deues et licites pour rendre ledict païs en nostre obeissance. »

Ces privilèges étaient exorbitants et furent jugés tels par les contemporains. Les négociants de Saint-Malo, intéressés eux-mêmes dans le trafic des pelleteries, n'eurent pas plutôt connaissance de cette importante concession qu'ils se réunirent pour demander sa révocation comme contraire au bien général du royaume. Ils consentaient à laisser à Nouël et la Jannaye l'exploitation des mines, mais suppliaient le roi de laisser libre le commerce des pelleteries, et telle était l'ardeur de leurs revendications que, pour mieux disposer le roi en leur faveur, ils accusèrent la Jannaye d'être un imposteur et Nouël un héritier très éloigné de Cartier : « d'aultant que ledit Jannaye a circonvenu ladicte Majesté en ses remonstrances tant pour l'effect cy dessus, que ce qu'il a faict accroire qu'il avoit continué la descouverture encommencée dudict Cartier et avoit faict des grandz et longs voiaiges au Canada où il ne fut jamais (1). » Il est probable que cette accusation porta, car, dès le 9 juillet 1588, le roi révoquait le privilège accordé, et déclarait libre le commerce au Canada. Il est vrai que, par la suite, le même privilège fut accordé à d'autres personnes. On cite entre autres un certain Ravaillon qui aurait succédé à Jacques Nouël en 1591. On cite également un négociant de Honfleur, Jean Chauvin, qui obtint du roi Henri IV l'autorisation d'exploiter à son profit le commerce du Canada à condition qu'il y habiterait et y construirait une forteresse. Les Malouins renouvelèrent aussitôt leur réclamation. On a conservé leur supplique au roi (3 juin 1600) (2). Ils rappellent que le

(1) Cf. Délibérations des bourgeois de Saint-Malo afin de s'opposer à ce privilège, en date du 9 février 1588, du 27 février 1588, du 11 mars 1588. — Délibération des États de Bretagne réunis à Nantes, visant les requêtes sus énoncées des habitants de Saint-Malo (17 mars 1588) et remontrance des États de Bretagne (mars 1588) pour obtenir l'abrogation du privilège concédé à Noüel et de la Jannaye. Les premiers documents ont été publiés par Joüon des Longrais (p. 152-154) et la dernière par Edouard Quesnet (*Mélanges d'histoire et d'archéologie bretonne*, t. I, p. 126-7).

(2) ÉDOUARD QUESNET. Ouvrage cité, p. 124.

Canada a été découvert par leur compatriote Cartier et ajoutent non sans fierté : « que depuis lesdictz habitans de Sainct-Malo et aultres dudict païs de Bretaigne ont tousiours continué ceste navigation et negoce avec les sauvaiges habitans dudict païs et faict en sorte que par leur industrerie, ilz ont rendu lesdictz sauvaiges traictibles, doux et familliers, de telle fasson que par la longue congnoissance qu'ilz ont de ceux avec lesquels ilz frequentent chacun an par le moïen du commerce, il se peut faire quelque decouverture au contentement de Sa Maiesté et bien publicq, ce qui se peut espérer par le moïen d'un homme qui a esté par les dictz de Sainct-Malo relaissé avec lesdictz sauvaiges, afin d'entrer avec eux dans le païs recongnoistre leur habitation, et ce qui se peut esperer à l'avenir de meilleur, pour en faire le fidel rapport à Sa Majesté. » On ne sait si cette réclamation fut bien accueillie. Pourtant une lettre missive de Henri IV, du 28 décembre 1602, parle « du desseing de la descouverte et habitation des terres et contrées de Canada dont nous avons cy davant donné et réitéré notre pouvoir et commission au capitaine Chauvin. » D'autre part on a conservé une lettre du duc de Montmorency, du 3 janvier 1603, ordonnant à Chauvin de se rendre à Rouen pour s'y entendre avec les habitants de Saint-Malo. A vrai dire il n'y avait pas à ce moment, à la cour de France, de principe arrêté en matière de colonisation. Tantôt c'étaient des partisans du monopole qui l'emportaient, tantôt ceux de la libre concurrence.

Toujours est-il que ces allées et ces venues, ces demandes contradictoires, cette opposition d'intérêts appelèrent de nouveau l'attention sur le Canada. Un gentilhomme breton, le marquis de la Roche, voulut renouveler la tentative de Roberval, et demanda pour lui la commission qu'avaient sollicitée les neveux de Cartier. Henri III lui octroya, parait-il, le privilège qu'il réclamait, mais il semble probable qu'il ne le lui donna que verbalement, et peu avant son assassinat par Jacques Clément. Ce qui nous porterait à le croire, ce sont les lettres patentes que Henri IV conféra plus tard au marquis de la Roche, et dans lesquelles on lit : « Conformément à la volonté du feu roi, qui déjà avait fait élection de sa personne pour l'exécution de la dite entreprise, nous l'établissons notre lieutenant général. »

Nous entrons dès ce moment dans une période nouvelle. Aux tentatives isolées vont succéder les efforts généraux. Ce ne seront plus des négociants, des chasseurs, des pêcheurs qui s'aventureront au Canada, mais de vrais colons, des fonctionnaires, des soldats et des prêtres. Le Canada en un mot va devenir la Nouvelle France.

FIN.

TABLE DES MATIERES.

Pages

INTRODUCTION V

I. — Les Découvreurs français de la côte de Guinée.

LES NAVIGATEURS DIEPPOIS A LA CÔTE DE GUINÉE 1-35

Navigations des Normands, 1-2. — Rapport de Villaut de Bellefonds, 3. — Décadence du commerce dieppois, 8. — Réfutation de Santarem, 10. — Voyage de Jacques de Pencoedit, 11. — Diverses preuves de la présence des Dieppois à la côte de Guinée, 15-28. — Nouvelles expéditions à la côte de Guinée au seizième siècle, 28-35.

II. — Les Découvreurs français du Brésil.

I. JEAN COUSIN 39-63

Jean Cousin, 39. — Voyage de Jean Cousin, 41-42. — Objections contre le voyage, 43-52. — Preuves historiques et géographiques, 52-63.

Pages.

II. VOYAGES CLANDESTINS 63-79

Jalousies portugaises et espagnoles, 63. — Voyages clandestins, 67. — Copia des Neuen Zeytung, 72. — Origine du mot Brésil, 73. — Mots français tirés du brésilien, 78.

III. VOYAGE DE GONNEVILLE 79-113

Gonneville n'a découvert ni l'Australie ni Madagascar, 79. — Les documents originaux, 83. — Voyage de Gonneville, 85. — Premier débarquement en Amérique, 94. — Second débarquement, 106. — Voyage de retour, 109.

III. — Les Découvreurs français de l'Amérique du Nord.

CHAPITRE I.. 117-133

Voyages des Basques dans l'Amérique du Nord, 117. — Voyages des Bretons, 123. — Jean Ango, 125. — Voyages de Denys et Thomas Aubert, 126. — Voyages divers, 127.

CHAPITRE II 133-157

Documents relatifs à Verrazano, 133. — Premier voyage dans l'Atlantique, 137. — Second voyage, 138. — Authenticité de ce voyage, 150. — Troisième voyage et mort de Verrazano, 152.

CHAPITRE III.. 157-188

Naissance de Jacques Cartier, 157. — Premières courses, 159. — Préparatifs de départ, 161. — Opposition des Malouins, 166. — Premier voyage, 168.

CHAPITRE IV.. 188-230

Préparatifs du second voyage, 188. — La recrue de 1535, 190. — Départ, 192. — Hochelaga, 199. — Le pre-

Pages.

mier fumeur français, 201. — Hivernage à Stadaconé, 209. — Donnaconna, 220.

CHAPITRE V.................................... 230-269

Roberval et François Iᵉʳ, 230. — La première colonie pénitentiaire, 234. — Départ de Cartier, 241. — Séjour au Canada, 243. — Départ de Roberval, 249. — Retour de Cartier, 251. — Séjour de Roberval, 252. — Marguerite de Roberval, 256. — Alfonse le Saintongeois, 259. — Quatrième voyage de Cartier, 263. — Documents contemporains, 264. — Mort de Roberval, 268.

CHAPITRE VI.................................... 269-278

Dernières années et mort de Cartier, 269. — Procès soutenus par ses héritiers, 274. — Voyages au Canada dans la seconde moitié du seizième siècle, 277.

TABLE DES MATIÈRES, 283.

FIN DE LA TABLE DES MATIÈRES.

TABLE

DES CARTES ET GRAVURES.

Pages.

Portrait de VERRAZZANO.......................... Frontispice.

Portrait de JACQUES CARTIER.......................... 119

LA GUINÉE. — Extrait d'une mappemonde peinte pour le roi Henri II.......................... 1

LE BRÉSIL. — Extrait d'une mappemonde peinte pour le roi Henri II.......................... 39

LE CANADA. — Extrait d'une mappemonde peinte pour le roi Henri II.......................... 117

CHASSES ET VOYAGES

DU COURRET

Les Mystères du désert. Souvenirs de voyage en Asie et en Afrique. 2 vol. gr. in-18 jésus, avec carte. . . 7 »

C. D'AMEZEUIL

Les Chasseurs excentriques. 1 vol. gr. in-18 jésus. . . . . . 3 »

LESTRELIN

Les Paysans russes. Usages, mœurs, caractère, religion et superstition. 1 vol. gr. in-18 jésus. . . . . . 3 »

M. DE FOSSEY

Le Mexique, ancien et moderne. 1 vol. in-8. . . . . 5 »

O. FERÉ

Les Régions inconnues. Aventures de chasse et de pêche dans l'extrême Orient. 1 vol. gr. in-18 jésus. 3 »

B. H. RÉVOIL

Bourres de fusil. Souvenirs de chasse. 1 vol. gr. in-18 jésus. . 3 »

REMY

Voyage au pays des Mormons. Relation, géographie, histoire naturelle, théologie, mœurs et coutumes. 2 vol. gr. in-8, gravures et carte 20 »

UBICINI

Les Serbes de Turquie. Études historiques et statistiques. 1 vol. gr. in-18 jésus. 3 50

COMTE RAOUL DU BISSON

Les Femmes, les Eunuques et les Guerriers du Soudan. 1 vol. gr. in-18 jésus. 3 50

F. CHASSAING

Mes Chasses aux Lions. 1 vol. gr. in-18 jésus, illustré. . . . 3 »

VICOMTE LOUIS DE DAX

Nouveaux souvenirs de chasse et de pêche dans le midi de la France. 1 vol. gr. in-18, illustré 3 50

CHARLES DIGUET

Tablettes d'un Chasseur. 1 vol. gr. in-18 jésus . . . . 3 »

DEYEUX

Le vieux Chasseur. Nouvelle édition, préface par Jules Janin 1 vol. in-32 orné de 50 gravures. . 1 »

Vte DE LA NEUVILLE

La Chasse au chien d'arrêt. 3e édition illustrée, par F. Grenier, 1 vol. gr. in-18 jésus. 3 50

OLYMPE AUDOUARD

L'Orient et ses peuplades. 1 vol. gr. in-18 jésus. . . . . 5 »

L'Égypte et ses mystères dévoilés. 1 vol. gr. in-18 jésus. 5 »

A travers l'Amérique. 2 vol. gr. in-18 jésus. . . . . 7 »

L. DEVILLE

Une aventure sur la mer Rouge. 1 vol. gr. in-18 jésus. illustré . 3 50

Une semaine sainte à Jérusalem. 1 vol. gr. in-18 jésus. . 2 »

Une excursion dans les Cornouailles. 1 v. gr. in-18 jésus 2 »

DURAND-BRAGER

Deux mois de campagne en Italie. 1 vol. gr. in-18 jésus. 3 »

DUC DE CHARTRES

Souvenirs de voyages. Visite à quelques champs de bataille de la vallée du Rhin. 1 vol. in-18 jésus. . 3 »

J.-P. FERRIER

Voyages et Aventures en Perse, dans l'Afgh[illegible]n, le Béloutchistan et le Turk[illegible] édition. 2 vol. gr. in-18 j[illegible] av[illegible] . . . . . 7 »

[illegible]D

Le M[illegible]ues. Récits de chass[illegible]ol. gr. in-18 jésus, [illegible] . . . 3 50

[illegible]

Danub[illegible] et [illegible]dain. 3 vol. gr. in-1[illegible] . . . . . . 6 »

[illegible]

La Grèce telle qu'elle est. 1 vol. gr. in-18 jésus. . . . . 3 »

LOUIS JACOLLIOT

Voyage au pays des Bayadères. 1 vol gr. in-18 illustré par Riou. 4 »

Voyage au pays des Perles. 1 vol. gr. in-18, illustré par E. Yon. 4 »

Voyage aux **Ruines** de **Golconde** et à la Cité des Morts. 1 vol. in-8. 6 fr.

Mme LOUIS JACOLLIOT

Trois mois sur le Gange et le Brahmapoutre. 1 vol. gr. in 18 orné de gravures. . . . . 4 »

JULES PATOUILLET

Trois ans en Nouvelle-Calédonie. 1 vol. gr. in-18, avec carte et gravures. . . . . 3 »

A. TOUSSENEL

Le Monde des Oiseaux. Ornithologie passionnelle, 3 vol. in-8, orné de figures. . . . . 21 »

Tristia. Histoire des misères et des fléaux de la chasse de France. 1 vol. gr. in-18. . . . . 5 »

www.ingramcontent.com/pod-product-compliance
Ingram Content Group UK Ltd.
Pitfield, Milton Keynes, MK11 3LW, UK
UKHW020437200726
13857UKWH00002B/461